CARE
Good Care ,
Good Living

CARE
Good Care ,
Good Living

CARE

Good Care ,
Good Living

CARE
Good Care ,
Good Living

CARE
Good Care ,
Good Living

care 32

樂齡好滋味
楊玲玲的幸福餐飲

作　　者：楊玲玲
責任編輯：劉鈴慧
美術設計：何萍萍
封面設計：蔡怡欣
插　　畫：小瓶仔
校　　對：陳忠明、陳佩伶
法律顧問：全理法律事務所董安丹律師
出 版 者：大塊文化出版股份有限公司
　　　　　臺北市10550南京東路四段25號11樓
　　　　　www.locuspublishing.com
讀者服務專線：0800-006689
TEL：(02) 87123898　FAX：(02) 87123897
郵撥帳號：18955675
戶　　名：大塊文化出版股份有限公司
版權所有　翻印必究

總 經 銷：大和書報圖書股份有限公司
地　　址：新北市新莊區五股工業區五工五路2號
　　　　　TEL：(02) 89902588 (代表號)　FAX：(02) 22901658
製　　版：瑞豐實業股份有限公司
初版一刷：2014年5月
定　　價：新台幣 350 元
ISBN：978-986-213-533-4
Printed in Taiwan

樂齡好滋味
楊玲玲的幸福餐飲

作者：楊玲玲

目錄

翠 Pizza

　　本書食譜中，所提作法計量的「1 杯」、「2 杯」，指的
是家中電鍋的量杯；內鍋、外鍋，一樣是指電鍋而言。

序

高齡養生飲食，
簡單做營養夠

楊玲玲／自序

　　一個電鍋，一台果汁機，即可做出健康美味又可口的高齡樂活餐飲；這是能讓多少老人家胃口大開、多少為人子女覺得盡孝變得好容易的一舉兩得！

　　在日常的飲食中，我們常可聽到什麼東西「性熱」，什麼東西「性涼」，什麼人的體質屬什麼型，不能吃什麼東西等，可見雖然醫學如此發達，古老中醫的許多觀念，仍然深深影響著我們。這本書由認識體質吃出健康開始，並教大家如何測試自己的體質，選擇適合自己體質的食物，這可比吃補藥還有用！一來可借此來認識食物的性質，二來可選擇適合體質的食物，同時做方便的料理烹飪。

　　身為人師、人母的我，從事中藥科學研究四十餘年來，運用生物科技，解析傳統中醫藥形而上的面紗，期能

為台灣開創「科技島的特色」。去年應前教育部長楊朝祥校長之邀到佛光大學，創立世界上第一所以「樂活」為教育主軸的產業學院，現有樂活產業學系包括了學士及碩士班，另有健康與創意素食產業學系，亦為世界首創的第一個素食學系。這學院的教學，以「健康促進，環境永續」為宗旨。因此這本書的撰寫，以現代營養學的均衡營養為基石，輔以傳統醫學理論應用，並以「低碳食補」為首要精神，設計出近百道善用本土當季食材，以達健康百分百的期許；並告訴國人：「藥膳是養生非治病，健康看得見，動手自己做！」

　　行政院經濟建設委員會人力規劃處，完成 2012-2060 年台灣人口推計資料顯示：國人因受晚婚、不婚及遲育或少育的影響，造成育齡婦女人數亦持續減少，因此目前已無法避免將朝少子化及高齡化之轉型。放眼全球，老年人口不斷增加，出生率持續下降的人口結構性改變已成趨勢，儘管醫療技術進步，人類平均壽命延長，但各種文明疾病層出不窮，自我健康的促進與管理，日益重要；那麼就讓我們的老人家，從每天的日常飲食照顧開始，做樂齡生活的規劃吧！

　　高齡老人味覺退化，如何用「視覺」來補強，與善用天然的調味，來吸引與提升他們的食慾，對越來越多獨居的高齡老人來說，參考這本書，省時、省事的做三餐，其實一點都不難。國人近年來因工業社會的繁忙，外食者日益增加，飲食偏好於口味的享受為主，因此造成挑嘴、營養不均衡、攝食過量的飽和脂肪及熱量，以至於慢性疾病如心血管、中風、腎臟病、癌症、糖尿病、肥胖等等疾病罹患率增加。

　　我特別在書中提供多樣化，並能符合健康需求的正確飲食組合，介紹春、夏、秋、冬，最容易搭配的當季食材，價錢便宜、教大家用簡易、不麻煩、輕鬆方式做出新鮮與營養十足的料理食譜。我深信，不僅老人家會喜歡，應該有不少的婆婆媽媽也會樂於閱讀，原來好吃的餐飲菜色，並不需要把廚房和自己弄得滿是油煙、一團混亂，原來多變化、營養不流失的做三餐，也可以從容與優雅。

　　本書出版，感恩外子忠明的校稿建議和全力之支持，才能在繁忙的教學與研究中得以順利出版．更謝謝多年來所有愛護我的朋友，因有大家的鼓勵，我才有勇氣堅持完成此書。更不能忘的是中醫藥界前輩們之指導，尤其是

生元藥材行提供精選上等炮製中藥材，讓本書的讀者們能
清晰認識中藥材。總之，剛到新學校，一切從新，忙碌中
書稿疏漏錯誤在所難免，祈請大家諒解，並隨時能賜予指
教，晚輩將永誌在心。

　　　　　　　　　　　　　　　2014.4.25 於拇指山下

第一章

省時省事不省營養

健康蔬果原味餐

　　傳統的食材原味，不加工，是我所提倡的健康蔬果原味餐；特別要強調的是：

食材加熱與不加熱
要看哪種能將營養保留得最好

　　任何人在食材的選擇方面，不宜全部都單吃相同的一種，首先必須去思考要如何搭配，以生菜為例，當然富含維生素、蛋白質，可以直接吃到體內，對健康是好的。

　　蔬菜中的各種維他命跟蛋白質，對熱是不安定的，比

如說一般蛋白質，要是一加熱到攝氏 40 度，就像一顆蛋的蛋白凝固了，那凝固之後，對老人家的的消化不好。

也就是說，植物性的蛋白質食材可選擇不加熱，若其中含有與糖結合的「親醣蛋白」則更含有防癌、提升免疫的成分，這類食材是我們最適宜用來作為生菜沙拉的，比如甜椒等。

盡量以不過度加工的「原形」攝取到營養

比如說甜椒，雖然不喜歡的人不少，但把各色甜椒切細絲，再搭配其他菜色的生菜、水果，比如小黃瓜、高麗菜、生菜、蕃茄、芽菜、葡萄乾等，不但符合健康五蔬果的營養攝取，同時也吃到了甜椒。因甜椒含有親醣蛋白，對我們身體有防癌、抗癌的作用。

有一些老人家胃腸不是很好的時候，我建議吃高麗菜時，切成細絲，因為高麗菜有預防胃潰瘍的成分，用沸水去汆燙一下，可以保持食材原本的口感脆度、色香味俱全的營養；若再加上蕃茄、小黃瓜、苜蓿芽等來搭配，各種不同的營養就重組出來了。

來自天然種子的脂肪

　　一提起脂肪，讓很多追求健康養生的朋友聞之色變，特別是上了年紀的老人家；會因為擔憂心血管疾病，而多有所顧忌。

　　老年人年紀大了，心血管疾病就會比較多，慢性病也會比較多，所以不適合去攝取飽和脂肪酸。

　　一般的飽和脂肪酸是含在動物的油脂裡，老人家適合食用的，是植物性的油脂，天然的脂肪來源就是從蔬菜、種子或是一些果實中得來，我推薦的天然脂肪來源主要是堅果、水果。

　　比如原產自墨西哥、中南美一帶的酪梨，現在台灣也有栽種，酪梨果肉富含脂肪、醣類、蛋白質，維他命 A、維他命 C、鐵、鈣等礦物質，營養豐富；酪梨對心臟很好，對肝臟也很好。酪梨是金氏紀錄中，最推薦的好水果

之一，有豐富的天然果實脂肪，可當食材來做料理外，也可當作一般水果吃，剝開後中間的籽籽還很漂亮，可以做觀賞用。

　　如果不喜歡酪梨的朋友，可以去找橘科的植物，例如金棗（金桔）、柳丁、香桔等等。金棗香氣很好、略酸，果皮含有油脂、維他命，還有些抗氧化的成分。因此建議大家盡量洗淨帶皮吃，天然的營養成分極好，就算是喝果汁，也別濾渣。

　　台灣柳丁新鮮多汁，無論是口感或香氣，可算是世界香橙之最，果肉性酸、寒、無毒，含有豐富的維他命C；果核則有美白、收斂的效用。柳丁皮其實經過簡單製作是比較好吃，未成熟果實如翡翠般青綠時，果皮味道香濃具有破氣抗鬱的作用，且含有豐富的維他命P，經過烘乾的柳丁青皮，含有很強的抗氧化作用，能夠讓我們抗老化還兼有瘦身之效，所以一般製作「青皮」，我們會用未成熟的柳丁青皮來用。

　　維生素P，大家較少聽過，P是通透性的意思，取自Permeability第一個字母。生物類黃酮（Bioflavonoids）主要的機能是增強毛細血管壁的彈性、調整吸收能力、幫

助維生素 C 保持結締組織的健康，對維生素 C 的消化吸收上是不可缺少的物質。維生素 P 能促進維生素 C 加速作用，改善微血管的功能，增加冠狀動脈血流量，有益於心血管疾病及肥胖的患者，能減少血管脆性，降低血管通透性，預防腦溢血、視網膜出血、紫斑等疾病。

維生素 P 因屬於非水溶性維生素，人體無法自身合成，因此必須從食物中攝取；柑橘類水果如檸檬、橙、葡萄柚等的白色果皮部分，和包著果囊的薄皮都含有維生素 P，另如杏仁、蕎麥粉、黑莓、櫻桃、玫瑰等的果實，也都含有維生素 P 的成分。

維生素 C 是大家所熟知的水溶性維生素，柑橘類水果和蕃茄是維生素 C 的最佳來源，青椒、菠菜、馬鈴薯中含量也很豐富。維生素 C 極易在小腸、皮下組織、腹腔內被吸收，吸收後分佈至全身，但水溶性的維生素 C

極易在水中造成流失。

補充堅果食物預防慢性病

堅果類，指的是富含油脂的種子類食物，如花生、芝麻、核桃、腰果、松子、瓜子、杏仁果、開心果等等，這類食品大多是在年節時買來當零嘴。別看堅果小小一粒，所蘊藏的營養價值非常豐富，其中最受人注目的成分包含良好的脂肪、膳食纖維及多種維生素和礦物質。

之所以鼓勵大家吃堅果，主要是在於提供脂肪的來源，我現在提倡用堅果當脂肪，因為一天要吃多少匙的油，其實從堅果中就可得到！特別是對吃全素的朋友來說，有的時候看電視時，吃幾顆的開心果，就可以提供一日脂肪的需求。

堅果中的油脂是以單元不飽和脂肪酸爲主，可提高血

中好膽固醇 HDL-C 的濃度，降低體內壞膽固醇 LDL-C，
具有降血脂效能，減少心血管疾病發生。過去認為這類食
物含油脂量較高，通常不建議經常食用，但隨著越來越多
的研究證實，堅果類食品已堪稱是能「延年益壽、有益健
康」的食品。因此我建議每日都能適量攝取。堅果營養價
值高，含有好的脂肪，也含有鎂、銅、錳、硒等礦物質及
膳食纖維、維生素 A、C、E，具抗氧化功能，可以預防
體內因外在壓力及環境污染的有毒物質，產生自由基造成
的細胞受損、產生老化，及慢性病的發生。

　　從許多研究報告中發現，如果每周能吃 5 次以上的堅
果，每次 30 公克，不含外殼，能顯著的降低心肌梗塞的
發病率；也有助於降低肥胖型糖尿病的發病率。一週下來
至少增加 800 大卡的熱量，因而建議可在飲食中去除等
量「不良」來源的熱量，尤其是含飽和脂肪量多的食物，
如：奶油、花生醬、中西式甜點、油炸食物等；當然也可
在烹調時減少用油量，或是利用運動來消耗掉從堅果中所
得到的熱量。

　　再舉芝麻為例，去吃日本料理時，店家不是會提供芝
麻讓客人磨嗎？同樣的道理，腰果稍微給弄碎，再磨一

下，便不用擔心老人家是不是咬得碎、吃得動這些堅果類，花生也是一樣。因此，當青菜燙好裝盤後，再將個人喜歡的堅果敲碎成小顆粒撒在蔬菜上，這樣要吃到來自堅果的油脂並不難。

堅果類的食材，是要吃時再來磨碎的。市售現成的花生粉，會差在花生打成粉後久置，抗自由基的成分便被氧化掉了。

購買堅果時選擇聞起來有自然甘甜，或是帶有「堅果味」的香氣。由於堅果類油脂多，儲存不當或過久，油脂易變質，因此吃剩的堅果應以密閉容器盛裝，並置於陰涼處，若是冷藏或放置冷凍庫能保存更久。但如果吃起來有油味、刺鼻味、苦味，就表示已氧化及變質，就不適合食用。

堅果類一旦變質就會產生自由基，效果就相反了。一般而言，完整的堅果比切片的更容易保存；沒有加工處理

的堅果，比加工處理過的容易保存；帶殼堅果比去殼堅果容易保存。市售的堅果類很多都是經過油炸，並添加鹽、糖、香料、防腐劑等，建議在選購時，應注意標籤說明，或直接購買生的堅果類自行烘烤。

堅果與一日所需熱量的食用油對照表

種類	份量	熱量	食用油份量
腰果	18 粒	160 大卡	3.5 小匙
花生	35 粒	160 大卡	3.5 小匙
芝麻	7.5 小匙	160 大卡	3.5 小匙
開心果	40 粒	180 大卡	4 小匙
桃仁	8 粒	180 大卡	4 小匙
杏仁果	20 粒	180 大卡	4 小匙
瓜子	200 粒	180 大卡	4 小匙

清水汆燙的好處

　　青菜有膳食纖維，能脫膽固醇，多吃汆燙青菜，我覺得這是好的。現在大腸癌的比例其實很高，尤其老人家大便不通的又很多，他們需要有一些纖維素，如果是燙青菜

少油膩，可以吃到青菜的量比較多一點。燙青菜如果不加油，透過水的汆燙，會溶解食材中的一些鹽類，比方鉀離子、鈉離子等，過多的鉀離子對有腎臟病的人是不好的，鈉離子則是對高血壓患者不好。以燙青菜來說，大部分在蔬菜裡的鈉鹽、鉀鹽，都會溶在水裡面。

　　燙青菜不論是在用油量或調味料方面，是比較可以被控制的，以拌蔬菜的用油來說，第一道冷壓萃取油是很好的選擇，比方芝麻油、苦茶油。我會建議，煮蔬菜湯時最好就是吃原味，不要再添加鹽，因為蔬菜中已有鉀鹽的成分在了。

　　有些老人家也會擔心，青菜吃多了，是不是會過於寒涼？我建議可以用黃耆跟紅棗先下去熬湯，或者加點薑進去，然後把青菜放進去汆燙一下，這樣一來薑可去寒，黃耆補氣、紅棗提味。一般蔬菜含有維他命、蛋白質，大火

快炒的加熱烹調方式，對比較不安定的營養成分，反而是流失與破壞，而且大多數的老人家是比較不會像年輕人，對生菜的接受度是高的，老人家反而對熟食認同比較高。

最天然、最適合台灣人的是麻油、苦茶油

麻油富含抗氧化的成分，一般最常見的，是起鍋前滴點在湯上或吃餃子時作沾料用的，又稱作「香油」，是白芝麻榨的，有人稱為「白麻油」；坐月子用的則是黑芝麻榨的「黑麻油」。

這兩種芝麻榨出來的油，是用熱去炒再去榨，雖然是比較香。但是最好的麻油，我建議選擇冷壓的，冷壓麻油在國內有廠商在生產，冷壓作法，比較有芝麻原味的香氣，所以做汆燙或涼拌菜，只要滴幾滴麻油進去，一樣有可口誘人的味道。

苦茶油是用油茶種子（俗稱苦茶籽）壓榨而來的，油茶種子壓榨前，會先焙炒至 125℃左右，可除去部分水分之外還可增加香氣。好的苦茶油外觀應是清澈金黃色，沒有沉澱物及泡沫，不要一次大量購買起來放著慢慢用，要以新鮮做考量，即將用完再補貨。苦茶油本身對胃是很好

的，如果胃腸不好的時候，用苦茶油拌蔬菜、拌飯、拌麵線都不錯。特別是以麵線來說，本來就有鹹，就不需要再加鹽，這樣的搭配碳水化合物、油脂都會有。

本土的最好的堅果當然就是花生

我還是要提一下花生油，本土的最好的堅果當然就是花生，含有人體所需要的氨基酸，和維生素 B、E 等，在食用油中，單元不飽和脂肪酸含量最高的是花生油和橄欖油，能達到 70% 左右，可以預防心臟病，能降低不好的低密度脂蛋白。再者花生油的豐富營養素，對素食的朋友來說，是很好的均衡補充。

雖然炒過的花生壓榨出來的花生油比較香，但若是為了色澤，將花生炒黑，這樣就有可能產生致癌物。做米漿的道理也一樣，如果想自己動手做，只要用炒香的五香花生就可以了，這很重要！

　　讓人遺憾的是，因為成本的關係，純正的花生油難打入市場通路，大量普及的行銷販賣，其實對吃素的朋友來說，花生油含有豐富脂肪質和蛋白質，是可補充蔬菜類缺乏的營養素。

誰說老來吃東西得認份

有些銀髮族自己，或幫高齡父母備餐的兒女，會誤以為老人家的飲食就是「吃清淡」、「多多軟爛」或「喝喝罐裝流質膳食」來補充，這些原則應該就沒錯吧？將心比心設想，如果已經沒什麼胃口進食了，三餐天天所見，都是既不色香又不味美的飲食，只怕民不再以食為天，吃吃喝喝都成了一種感傷的折磨了。

以美食享譽世界的中國菜，豈是沒有老人家也能食指大動的美食當前？不論是高齡化社會，讓獨居老人越來越多，或是白天兒孫各自出門上班上學，需幫在家的老人備餐，一樣都能充分利用當季新鮮食材、使用家家都有的方便小家電來烹調；既不必擔心老人家年紀大了記性不好，進廚房開了火、轉個身又忘了關，萬一燒了鍋子又引發火災，真是危險。因此善用電鍋、果汁機，就是我要和大家

分享的簡單又幸福的有滋有味菜餚。

優質蛋白質、低脂食物

國人一向脂肪攝取比例偏高，已成為慢性病的隱憂，我建議大家從豆類、魚類、肉類、蛋類的選擇上著手，優先選擇優質蛋白質，低脂肪食物，以不影響健康為優先。低脂的順序為：豆、魚、肉、蛋、家禽白肉類。

黃豆，是植物性優質蛋白質和含各種人體所需營養素極好的來源，最好優先食用原態的黃豆，其次再選擇各種加工豆類製品，如豆腐、豆乾、豆漿等。

魚類部分，可選擇小型魚、當季產量多、成熟期短、容易捕撈，有「漁業產銷履歷管理」的海鮮，如：小管、秋刀魚等；濾食性或草食性管理良好、有機認證的養殖海鮮，如鱸魚、牡蠣、文蛤、虱目魚、吳郭魚等；減少食用遠洋漁業捕獲的大型魚類、深海魚類、珊瑚礁魚類、幼魚及魚卵。

配合國人飲食習慣，每餐最好都要有肉或蛋，肉類我建議選擇雞胸肉（白肉）及豬、羊、牛肉（紅肉）交錯食用。可是當年紀大了，可能因為牙齒不好、會影響腸胃吸

收、消化不好，或其他健康干擾因素，雖讓老人家在飲食
方面很困擾。但基本的營養素來源包括蛋白質、脂肪、碳
水化合物、維生素、礦物質、水分等六大營養素還是要盡
量兼顧。

　　不少人對「蛋」的營養很戒慎恐懼，事實上蛋白是優
質蛋白質，蛋黃裡面含有卵磷脂，營養成分還包含脂肪、
卵黃素、生物素、多種維生素及鐵、鈣等微量元素。所含
的脂肪乳化在蛋黃中，極易消化吸收，卵磷脂、卵黃素、
維他命 B6 及 B12 對人體神經系統及生長發育都大有益
處；雞蛋中的鐵、鈣含量豐富，是我們造血、長骨的很好
補充。

　　蛋類富含優質蛋白質的營養，但大家只認為蛋黃含有
高膽固醇，還是少碰為妙。事實上，若擔心膽固醇，吃蛋
時搭配蔬菜就解決了；因為蔬菜裡面含有會清除膽固醇的
成分，譬如說蛋和蔬菜一起炒，或者是蛋湯中加青菜都很

適合，而且對老人家來說，也是一個非常簡單，他們自己
就可以去做的菜色。

蛋白質是維持細胞生長的主要來源，動物性蛋白質指
的是蛋、奶、肉類、魚類、家禽類等；而植物性蛋白質比
如豆類、堅果類、五穀根莖類等。哪一種是老年人最容易
消化、是最好的？當然首選是魚，再來就是雞。如果這位
老人家比較貧血，當然我們會建議選擇紅肉。有貧血的老
人家，不妨可以吃豬肉或者是牛肉，最好選擇的是瘦肉
類，當年紀慢慢大了，選擇紅肉還是必要的補充之一，最
好是用絞肉去熬高湯來補充。

無論年紀，雞胸肉都是最好的雞肉選擇，因為雞胸肉
偏鹼性，對身體來說，細菌比較不會生長，其次是鹼性對
身體是比較好的。

老年人因活動力少，肉類要選擇比較低脂、低熱量

的，雞胸肉是在所有的肉類裡面，熱量最低的，較易消化，所以是最適合老年人的。

認識「植物性」與「動物性」油脂

一般日常食用油脂，可分成「植物性」與「動物性」油脂：

植物性油脂

如大豆油、花生油和茶籽油；植物性油脂中不含膽固醇，並含較多的不飽和脂肪酸，但椰子油和棕櫚油例外，因含飽和脂肪酸較高。

動物性油脂

如牛油、豬油等，飽和脂肪酸較高，家禽、海鮮類的脂肪較低，飽和脂肪酸也較少。

　　不飽和脂肪的油，每日用量即便是富含單元不飽和脂肪的好油，仍建議控制在 2-3 湯匙，最好利用「量匙」來控制添加的油量。

　　烹調食物時避免長時間高溫油炸、大火快炒及反覆使用同一鍋油，以免產生反式脂肪酸。建議應多利用清蒸、水煮、汆燙、清燉、烘烤、滷、涼拌等低油方式烹調食物，或採用香料、醋、蔥、蒜等來增加風味；大火快炒或油炸的烹調還是少吃為宜。

　　根據許多流行病學調查發現，反式脂肪酸的攝取量與冠狀動脈心臟病的發生，有密切的關係！研究發現，反式脂肪酸的攝取，會增加血中壞的低密度脂蛋白膽固醇（LDL-C）的濃度，也會降低血中好的高密度脂蛋白膽固醇（HDL-C）濃度，如此將增加心血管疾病的風險；讓我們不得不重視反式脂肪酸存在於我們日常飲食中的事實。2006 年，美國食品藥物管理局（FDA），便已要求所

有食品的營養標示上，必須多增加一項反式脂肪酸的含量清楚標示。

　　油脂雖然是重要的營養素，但高油脂代表著高熱量，吃超過身體需要容易造成肥胖；也會刺激血脂肪上升，增加心臟血管的負擔；並增加大腸直腸癌、乳癌等癌症罹患的風險。脂肪的來源不光是各式各樣的烹調用油，隱藏反式脂肪酸油脂也廣泛存在，如糕餅、點心、零食、肉丸、火鍋餃、甜不辣，連飲料冰品類的奶茶、奶昔、冰淇淋都有，至於堅果類，因所含屬於較好的脂肪酸，並有礦物質、纖維，適量攝取並替換烹調油或隱藏油脂，是較聰明的作法，但也要注意不能過量。

碳水化合物

　　碳水化合物有三種類型：醣類、澱粉和纖維。主要的作用是提供人體細胞的能量，食物中的碳水化合物，不論是各種醣類或澱粉，都要先分解成葡萄糖，才可以被血液運送到細胞來提供能量。完整的碳水化合物，能促進體內積存的卡路里被消耗掉，不會在體內積存過多的熱量，因此使人發胖的可能性不大。

食物中碳水化合物的來源含有醣類，比如牛奶、奶製品；穀物中的水稻、小麥、玉米、大麥、燕麥、高粱等；水果中的甘蔗、甜瓜、西瓜、香蕉、葡萄等；乾果類、乾豆類、根莖蔬菜類如胡蘿蔔、蕃薯等等。

醣類食物主要來自多醣體的澱粉類食物，如：米飯、麵食、馬鈴薯、蕃薯等五穀根莖類；少量來自於奶類的乳糖、水果及蔬菜中的果糖及其他糖類。近年來為提升免疫力，我建議選擇含多醣體脂食材，如菇菌類的金針菇、香菇、草菇、杏鮑菇、洋菇等都很好。

維生素

維生素是營養學上的說法，比較麻煩的是無法由我們人體自己產生，需要透過飲食來吸收，也不像醣類、蛋白質、脂肪一般可以產生能量，組成細胞。如果身體缺乏了這些維生素，又會造成一些新陳代謝問題，可是如果攝取過量，一樣會影響身體機制的運作。

大部分的維生素是屬於水溶性的，像維生素 B1、B2、B3、B5、B6、B7、B9、B12、維生素 C，而脂溶性的則有維生素 A、維生素 D、維生素 E、維生素 K。

食物中含有的維生素

- 維生素 A：綠色蔬菜、魚肝油。
- 維生素 B1：酵母、穀物、肝臟、大豆、肉類。
- 維生素 B2：酵母、肝臟、蔬菜、蛋類。
- 維生素 B3：酵母、肝臟、穀物、米糠。
- 維生素 B5：酵母、肝臟、穀物、蔬菜。
- 維生素 B6：酵母、肝臟、穀物、蛋類、乳製品。
- 維生素 B7：酵母、肝臟、穀物。
- 維生素 B9：蔬菜葉、肝臟。
- 維生素 B12：肝臟、魚肉、肉類、蛋類。
- 維生素 C：新鮮蔬菜、水果。
- 維生素 D：魚肝油、蛋黃、乳製品、酵母。
- 維生素 E：雞蛋、肝臟、魚類、植物油。
- 維生素 K：菠菜、苜蓿、白菜、肝臟。

礦物質

膳食礦物質除了碳、氫、氮和氧外，是生物必需的化學元素，構成人體組織、維持正常生理功能、生化代謝等的主要元素，約佔人體體重的 4.4%。為了維持身體的健

康，我們必須攝取一定量的礦物質，若攝取過量或不足都可能影響身體健康，產生各種疾病。

礦物質與營養素的食物來源

● 鈣

是構成骨骼和牙齒的主要成分；具有調節心跳及肌肉的收縮，使血液有凝結力；維持正常神經的感應性；活化酵素。食物來源有：奶類、魚類（建議連骨一起進食）、蛋類、紅綠色蔬菜、豆類及豆類製品。

● 磷

構成骨骼和牙齒的要素；能促進脂肪與醣類的新陳代謝；對體內的磷酸鹽具有緩衝作用，能維持血液、體液的酸鹼平衡；是組織細胞核蛋白質的主要物質。食物來源有：家禽類、魚類、肉類、全穀類、乾果、牛奶、豆莢等。

● 鐵

組成血紅素的主要元素；是體內部分酵素的組成元素。食物來源有：肝及內臟類、蛋黃、牛奶、瘦肉、貝類、海藻類、豆類、全穀類、葡萄乾、綠葉蔬菜等。

● 鉀、鈉、氯

是細胞內、外的重要陽離子，可維持體內水分平衡及體液的滲透壓；能保持 pH 值不變，使體內的血液、乳液及內分泌等 pH 值保持常數；能調節神經與肌肉的刺激感受性。鉀、鈉、氯三元素缺乏其中任何一種時，可使人生長停滯。食物來源有：鉀在瘦肉、內臟、五穀類中；鈉在奶類、蛋類、肉類中；氯在奶類、蛋類及肉類中。

●氟

構成骨骼和牙齒之一種重要成分，食物來源有：海產類、骨質食物、菠菜。

●碘

是甲狀腺球蛋白主要成分，以調節能量的新陳代謝。食物來源有：海產類、肉類、蛋、奶類、五穀類、綠葉蔬菜。

●銅

銅與血紅素的形成有關，可幫助鐵質的運用。食物來源有：肝臟、蚌肉、瘦肉、硬殼果類。

●鎂

構成骨骼的主要成分，可調節生理機能，是組成幾種肌肉酵素的成分。食物來源有：五穀類、硬殼果類、瘦

肉、奶類、豆莢、綠葉蔬菜。

● 硫

與蛋白質的代謝作用有關，是構成毛髮、軟骨、肌腱、胰島素等必需成分。食物來源有：蛋類、奶類、瘦肉類、豆莢類、硬殼果類。

● 鈷

是維生素 B12 的一種成分，也是造成紅血球的一種必要營養素。食物來源有：綠葉蔬菜，但須視種植的土壤中鈷含量而定。

● 錳

對內分泌的活動，酵素的運用，及磷酸鈣的新陳代謝有幫助。食物來源有：小麥、糠皮、堅果、豆莢類、萵苣、鳳梨。

資料來源：農委會

不能省的營養

我們人體在不同的年齡階段，各有不同的營養需求，對老人家而言，更需要攝取比較多的特定營養素，達到加強免疫力的功效。所以為了保持老來的的身體健康，更應

該要依據個人不同的營養目標，來調整飲食內容。從飲食攝取的三大營養素：醣類、脂質、蛋白質來說，經過種種化學反應分解，最後產生能量及熱量，提供我們的身體之能量使用。在營養學上熱量的單位是以「大卡」來計算，1公克的醣類與蛋白質，能提供4大卡的熱量；1公克的脂肪為9大卡；酒也有熱量，每1公克的酒精則能提供7大卡熱量；至於營養素中的維生素、礦物質、纖維和水則不會提供身體熱量。

　　當人體攝取食物轉化成熱量後，用以維持人體基本的心跳、血壓等代謝，一部分的能量會轉化為肝醣，存於肝臟與肌肉之中，幫助短時間內肌肉收縮和維持血糖平衡。多出的熱量則轉化為脂肪組織，存在於皮下或內臟周圍組織。時下流行的名詞：「鮪魚肚」、「啤酒肚」，正是脂肪大量堆積在腹部的結果，常見於男性，而女性若是常久坐，則常見脂肪堆積在大腿和臀部。如果吃得太多、消耗不完，身上的脂肪就會越堆越多，最後造成肥胖問題，也增加了身體負擔，形成健康上的危機。雖然不時有人在提出各式各樣的減肥花招，但「吃得對、多運動」，仍是永遠不變的體重控制原則。

成人肥胖定義

身高體重指數 BMI 計算方式：體重（公斤 kg）/ 身高（公尺 m^2）。

如果讀者朋友覺得不好計算，上搜尋網站輸入關鍵字 BMI，在計算 BMI 的網頁上輸入自己的身高體重，馬上就能從自動換算的公式中，得知自己的 BMI 值是多少。

體位異常的人包括了：

- BMI<18.5：體重過輕
- 24 ≦ BMI<27：過重
- 27 ≦ BMI<30：輕度肥胖
- 30 ≦ BMI<35：中度肥胖
- BMI ≧ 35：重度肥胖

舉例來說，一個 180 公分的男性，體重 90 公斤，換算出來的 BMI 值是 27.8，表示他已屬輕度肥胖。再則是當男性腰圍 ≧ 90 公分、女性腰圍 ≧ 80 公分時，都已經是屬於體位異常，要注意自己的飲食與生活習慣了。

國民健康署的熱量建議

活動量	體重過輕	體重正常	體重過重
輕度	35 大卡 × 體重／公斤	30 大卡 × 體重／公斤	20-25 大卡 × 體重／公斤
中度	40 大卡 × 體重／公斤	35 大卡 × 體重／公斤	30 大卡 × 體重／公斤
重度	45 大卡 × 體重／公斤	40 大卡 × 體重／公斤	35 大卡 × 體重／公斤

● 活動量是以每天平均來計；體重是以目前的體重計
算。

健康飲食你吃對了嗎

建議以糙米、胚芽米、燕麥等穀類爲主食，取代白
米、白麵。每天至少 5 份的蔬菜水果（3 份蔬菜＋ 2 份水
果），若可以吃到更多樣蔬菜的話，當然更好。增加根莖
類食物如甘藷、芋頭、山藥等，或整粒豆類、海藻類的攝
取頻率，喝果汁不要濾渣，水果處理潔淨後盡量連皮吃。
這些看似簡單的飲食原則，讀者朋友都做到了嗎？

　　我常被問到：「老人家消化吸收能力退化，該如何攝取膳食纖維呢？」膳食纖維的來源，包括粗糧、豆類、一些蔬菜、薯類等。不少朋友會說：「粗食雜糧不好煮，會不會難消化？」當然這也是有技巧的。

　　糙米飯、雜糧飯的烹煮技巧，在於多放些水，拉長浸泡時間至少 1 小時以上，一樣可以讓米飯香噴噴；善用家中烹調及加熱鍋具，適當處理食物，脆的脆、軟的軟，讓食物發揮最佳的香氣、色澤與口感。

　　許多研究報告指出，蔬果攝取不足是罹患慢性疾病的重要原因。因此，世界衛生組織（WHO）及許多先進國家的國民健康飲食指引，都鼓勵民眾能吃到足量蔬果，並以吃新鮮蔬果為目標。蔬菜與水果含有豐富的維生素、礦物質及膳食纖維，除可平衡體內酸鹼值外，還能促進腸胃蠕動、加速腸道中益菌生長、降低血液中膽固醇含量，可

預防腦血管疾病。

　　近年來科學家更發現，蔬果中的植化素，具有抗癌效果，可降低癌症發生的機會，天天攝取適當蔬果的份量，可促進身體健康及預防慢性疾病。如果能從飲食中攝取到充足的膳食纖維，幫助身體通便、整腸、排除體內毒素、調整腸道菌叢生態外，並有助於控制膽固醇，滿足口腹之慾的飽足感，對血壓、血糖及血脂控制是有一定效果的。

　　蔬菜本身熱量極低，纖維素及各種生理活性物質，比如蕃茄中的茄紅素、葡萄中的花青素等等，對身體有很大的益處；深色蔬果含較豐富的維生素 A、葉酸和鐵質，且通常顏色愈濃含量愈高。蔬菜由於生長週期短，沒有動物排泄物的污染有害物的處理等，所需投入之資源較少，是所有食材種類中碳排放量最低的，可說是名符其實的「低碳食材」。

選擇適合自己體質的食物
比吃補藥還有用

在日常的飲食中，我們常可聽到什麼東西「性熱」，什麼東西「性涼」，什麼人的體質屬什麼型，不能吃什麼東西等，可見雖然現今醫學如此發達，古老中醫的許多觀念，仍然在影響著我們的飲食習慣。

中華民族以農立國，各種植物對人體、疾病的影響體驗甚多，神農嚐百草的傳說可算其中的代表。所有這些點滴的經驗，都陸續被收錄在歷代的本草經書中，例如《神農本草經》、《食療本草》、《食物本草》、《食鑑本草》及著名的《本草綱目》等。這許多的經驗不只包括各種藥食的性質，古人還以陰陽五行的原理，巧妙地把藥食和人體生理及病理的性質相結合，發展出一套與西醫截然不同的醫藥系統。

中醫學認為，人的不同體質，是由每個人先天及後天

多種因素所造成的。體質的差異性，關係著臟腑功能的強弱，成為中醫學中養生、治病的重要依據。飲食若不當、過與不及，都會誘發疾病。因此體質的分辨，是中醫望聞問切中的重要依據之一。

身體也要有「中庸之道」的健康！

中醫之所以一再強調什麼東西能吃，什麼東西不能吃，主要是考慮各人不同的體質或症狀，而以藥食來加以平衡，用意在使我們身體能處於不偏頗的「中庸之道」，使生理運作是平衡的，這很符合現在科學的理論。

一般來說，人的體質可分為這幾種類型：

以「寒、熱」來分

寒性體質

體能有衰退、無力、貧血、萎縮、弛緩的現象，口不

渴，喜歡喝熱飲、熱湯，尿量多色淡，副交感神經興奮，容易失眠。

熱性體質

動輒緊張、興奮、亢進、易有發炎、充血等症狀，常覺口渴，喜歡喝冷水、冷飲，尿量少色黃、交感神經興奮，心律加快、血壓增高，甚至免疫功能受到抑制等。

以「虛、實」來分

虛型體質

言語、行動皆無力、體能虛弱、多汗、下痢；身體缺乏將病毒撲滅的能力。

實型體質

講話大聲、行動能力足、不容易流汗、有便祕問題，體內缺乏排毒能力。

以「燥、濕」來分

燥性體質

體內水分絕對不足，咳嗽沒痰、口渴、便祕。

濕性體質

身體局部水分過剩、血壓高、浮腫、腹鳴、多痰、多嘔氣、下痢。

不同體質搭配的食物和藥材

食物也好，藥材也好，通常可以「補性」、「瀉性」、「溫性」、「涼性」來作為分類：

補性食物

食用後可增補體能、元氣，適合虛弱體質的朋友，反之實型體質的人吃多了，會造成便祕、汗排不出、病毒反被積壓在體內引起高血壓、發炎症狀、中毒等等。

瀉性食物

服用後可協助身體將病毒排瀉出來，改善實型體質的人便祕、充血、發炎等情況。但若體質虛弱的人，食用過多會造成下痢，反而造成身體更加沒有抵抗力。

溫性食物

寒性體質的朋友食用後，會改善沉滯、衰弱、萎縮、貧血的機能，特別是對冷症、無力症改善明顯。但熱性體質的人來說，多吃會產生過度亢進、發腫、充血等情形。

涼性食物

食用後對生理機能具有鎮靜、清涼和消炎作用，實症體質的人服用後，會使亢奮、發炎等症狀得到改善，並消除不眠、腫脹的發生。相反寒性體質的人過食之後，會使得冷症與貧血更為嚴重。

與人體的燥、濕體質相對應，食物也可分燥、潤兩種類別，燥性食物具有排除體內多餘水分的作用；潤性食物則有保留體內該有水分，能改善口渴的效用。

體質與食物性質對照表

體質	濕性	燥性	虛性	實性	寒性	熱性
宜食	燥性	潤性	補性	瀉性	溫性	涼性

藥食同源

　　進補不是人人都適合，應依個人的體質，加以選擇適當材料調製的藥膳，才能達到健康養生的目的。一般常見的補法以溫補、平補、清補（涼補）三種最受國人喜愛。體質虛寒則溫補，不虛則平補，燥熱則清補。如果選擇補法不當而補過頭或太涼都不宜。

　　遠在周朝，《周禮・天官》上記載著：朝廷將醫生分為食、疾、瘍、獸四科；其中專門管理飲食營養、健康保護工作的醫師，被稱之為「食醫」。可見飲食營養與健康的觀念，在中國起源非常的早。中醫學的經典之一《黃帝內經・素問》中的「藏氣法時論」中提到：「五穀為養，五果為助，五畜為益，五菜為充，氣味合而服之，以補精益氣。」數千年來被奉為飲食健康的圭臬。

　　五穀指的是「稻、黍、稷、麥、菽」；其中多為主食

雜糧，包含了白米、糙米、小米、薏米、大麥、小麥、燕麥、蕎麥、黃米、玉米、地瓜、馬鈴薯等等；菽則是指各式的豆類。五穀的營養成分以醣類為主，其次是植物的蛋白質，脂肪含量很低。五果為助，意指以新鮮的水果或乾果類來平衡消化吸收，果類多富含維生素、微量元素、纖維質。對吃素的朋友來說，可以多吃栗子、杏仁、花生、核桃、南瓜子……這類的果仁所含的蛋白質與豆類相似，可以彌補蛋白質的攝取不足。五畜為益，雖名為五畜，但其中包含了肉類與海鮮，這些食物多含氨基酸，多屬於高脂肪、高蛋白、高熱量，是我們身體生長、修復、調節免疫的必需補充，只要飲食均衡不過量，也無須刻意排斥。而五菜為充，指的是葵菜、韭菜、豆葉、野蒜、蔥等五種蔬菜。

　　在中醫學來說，酸味入肝、苦味入心、甘味入脾、辛味入肺、鹹味入腎，因而食物的營養、藥物所要矯正的疾病偏性，會因所歸的經絡不同，而達到不同的效果。也許讀者朋友會問，既然藥食同源，那麼藥補和食補的差異性在哪？

　　首先要和大家釐清的是：坊間的中草藥，並不等同於

中藥！中藥治病，講究的是用藥材本身的天時、地利、氣味偏性，與歸屬到哪一條經絡，來矯正人體健康的失衡，是以「治病」為出發點的。而飲食則簡單明瞭多了，基本上，一方水土養一方人，在地的食材、當季的盛產，就是滋養身體最好的選擇。

養生、食療、藥補，應各取所需

老來談養生，只有七個字一言道盡：「營養均衡多運動」！這雖是老生長談，問題是追求養生的人，真的都養成這樣「基本功」的好習慣了嗎？還是生活任性、我行我素，等自覺這裡不舒服、那裡怪怪的，再聽人家說買這補這好，買那回春很有效；總追著人云亦云或廣告掏錢試圖買回健康。冷靜時不妨細想，真的有用嗎？「藥即是毒」，適當的量，正確的用於疾病的治療，是「藥」；若使用不當、過量，則易造成「毒」性，嚴重的話甚至會喪失性命。

舉例來說，常見的錯誤之補──坐月子。現在國人普遍營養過剩，國內仍有不少產婦在坐月子時，依循傳統攝取過多過量的滋補，體重增加可觀，產後需努力減肥，這樣的肥胖很容易伴隨有心臟、血管系統方面的疾病。

養生之補

即便讀者朋友平常體能不錯，爲了追求更健康，請多注意每日攝取的飲食營養，不偏食、不挑食，盡可能食用在地當鮮盛產的食材，如此一來要做到保養健康、預防疾病的目的並不難。

養生打個比方，就像在補充多種維他命一樣，即便是每天不挑食，但是總有感覺身體不舒服的時候，而這種不舒服，又不是生病；譬如說哪天我覺得眼睛比較乾，可能是需要補充維他命 A，我就會選含有維他命 A 的胡蘿蔔、枸杞、蕃茄……等來做養生的補充。枸杞本來也是一種食物，我常用來搭配各種料理，不論就營養或視覺的秀色可餐，都很有加分作用。

在《神農本草》裡，有所謂的上品藥、中品藥、下品藥，上品藥是能夠讓人延年益壽，因為上品藥就是能夠讓人吃起來，是屬於養生之食，是我們隨時可以拿來補充不

足的。

食療之補

通常是在生病中或病後初癒，根據病之所傷，調配三餐中的飲食，來補充較欠缺的營養，其中並沒有「用藥的添加」。食補是我們可以從《本草綱目》裡面所寫的上品、中品中的蔬菜、水果、家畜來做調理。像上品素材，是藥補比較會被使用到，而且比較好吃，大部分味道都是屬於比較甜的東西。下品的話，一般都是在治病，所以下品藥一般是不會去選來做食療之補的。

比如說在手術開刀之後，希望傷口趕快癒合，我們不是習慣燉黃耆鱸魚湯來滋養，這就是食療的一種，其中就有一些療癒的用意存在。在鱸魚湯裡加入中藥材黃耆，意在提升免疫力，其所含之蛋白質能促進傷口癒合，這便是黃耆入食材的補性所在。

藥補之補

藥補之補，是指生病中或初癒，要能恢復得更快更好些，生病總是有一個發病期、一個恢復，那當我希望發

病期縮短，恢復期趕快完成，所以要完成這恢復期，可以請教專業人士，例如中醫師會依病人的體質，來開一些調理的處方。

　　譬如病後要趕快恢復，很多人聽說要吃人參，可是老人多半有高血壓症狀，是不能吃人參的，特別是高麗參。生病後，在恢復期間，若是由中醫師或專業的醫事人員幫忙，透過中藥湯液治病兼固本的治療，服用之後的確是可以幫忙加速恢復健康的便是藥補之補，切忌自作主張，人云亦云的亂補；藥補之食，是需依個人不同體質，各取所需的！

第二章

來杯玉露，
健康也能熱熱的喝

爲什麼我鼓勵
老人家喝玉露

　　爲什麼我會以「玉露」二字來命名？稻米是東方人的主食之一，成長歷經大自然的風吹雨打，補中益氣功效如同人參般在保護我們，對免疫調節功不可沒，就如傳統認爲玉能護身一樣，所以把它叫做「玉露」。

　　米熬煮的粥上面一層是「米湯」；但「玉露」是用新鮮的生米，加水後打成濃稠的米漿汁，周邊附著的米漿汁，是需要使用刮刀刮入容器中，要刮乾淨才不浪費。

　　玉露的作法，米、水的比例是：一杯的米、兩杯的水，這濃稠的米漿汁，可以讓所有的米的營養全部都不流

失。只要家有果汁機，玉露的製作很簡單，打一次分裝幾小瓶放冰箱，想吃的時候，將水先煮開，再倒入玉露，慢慢攪拌均勻即可。當然，玉露亦可來作「高湯」或「勾芡」用，一樣是有千變萬化的口感出來。

比方說，可依個人喜好加入一樣打成漿狀的芝麻漿、枸杞漿，其實最好連冰糖都不要加，尤其是有枸杞，根本就不要加糖，本身已有滿香的甜茉子成分。如果自製豆漿，煮滾了之後，可以加些米漿勾芡，倘若小孩喜歡吃，也可加入巧克力，調點甜味。

在古時候，沒有打點滴這些醫療設備，老祖宗們就是靠著熬成濃稠的米漿，加一點點鹽來幫病人恢復體力。我們在做抗體的實驗時，發現濃稠的米漿會使抗體增加，提升免疫力，所以我會鼓勵大家喝玉露。

千萬別小看一碗稻米粥，研究結果發現，稻米粥能促進抗體的產生，可預防感染、增加抵抗力，是人類重要主食作物之一。營養價值主要包括：蛋白質、醣類、鈣、磷、鐵、葡萄糖、果糖、麥芽糖、維生素 B1、維生素 B2 等；稻米本身的纖維素含量少，因此口感好，便於人體消

化和吸收。

　　我們吃的稻子，碾一次是糙米，營養價值較胚芽米和白米高，煮前需浸水較長時間再煮，但如果做成玉露就解決了所謂的難煮的問題。碾兩次是胚芽米，是糙米加工去除糠層，保留胚及胚乳，但營養成分約減 25%。碾三次是白米，去除胚及胚乳，營養成分約剩 70%。糙米催芽是發芽米，須經溫水發酵 18-22 個小時發芽，我們買的糙米如果經過高溫烘乾，就不容易發芽了。

　　一般來說：秈米，是外觀細長、透明度低，屬中黏性。煮熟後米飯較乾、鬆，通常用於做蘿蔔糕、各種炒飯。粳米是一般食用米，又稱為蓬萊米，外觀圓短、透明，口感介於糯米與秈米之間。糯米的黏性最高，外觀圓短的叫圓糯米，用於做釀酒、蒸米糕；外觀細長的叫長糯米，煮熟後較軟、黏，多用於做八寶粥、包粽子。

發芽米

　　發芽米，是我最推薦的糧食，發芽米食物纖維含量高過白米，約為白米的 4 倍，算是新興的健康食品。如果可以用發芽米來打玉露，是再好不過了。

　　發芽米，指的是「長出芽的糙米」，日文漢字寫法是「發芽玄米」。

　　稻穗在收割後因含有大量的水分，一定要經過乾燥的程序，但經過乾燥處理後還包有一層稻穀，必須去除後才能成為食用的糙米。

　　糙米因仍保留著外皮、糊粉層、胚芽等所形成的糠層，因此在一定的溫度下，依然會像種子一樣發芽。在發芽的過程中，會使糙米中原本沉靜的酵素，經過充分的活化與生物轉換作用，不僅超越了原本糙米的營養價值，促使各種營養素產生活化作用，變得更容易為人體所吸收，對人體健康發揮極大助益。

　　發芽米的煮法：

- 生鮮發芽米經洗滌後，加入米量約 1.6 倍的水即可；1.6 倍是 5 杯米加 8 杯水。
- 煮熟繼續燜 15 分鐘後再食用。
- 發芽米如沒立即烹煮，可放置於有封口的容器或塑

膠袋內，需放置冰箱低溫冷藏，短期間內仍可維持相同的口感。

糙米外皮上覆蓋了一層強韌的纖維，意在保護米種，因此煮前必須先浸泡在水中一段時間等待，因而一般民眾對糙米的普遍觀感是：「口感比較硬、不好煮，擔心不容易消化。」但發芽米則不然，因為糙米在發芽時，由於米糠覆蓋的部位會裂開，使得糙米變得較軟，吃起來口感也比較好。

各種食用米營養價值與口感比較

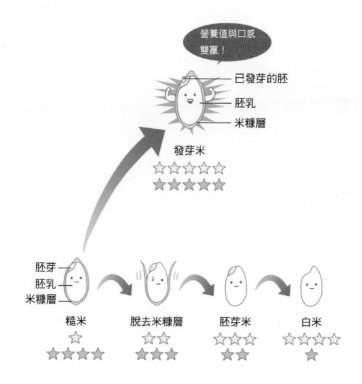

☆：口感

★：營養值

　　我在演講時，很多婆婆媽媽會問：「發芽米也可以DIY 自己來做看看嗎？」農業委員會高雄區農業改良場，研發出簡易的發芽米製作方式，是讓有興趣的朋友可以在家 DIY 做發芽米的。

生鮮發芽米DIY步驟

清洗糙米，浸泡於常溫水中 3 小時。

將水倒掉後清洗。

再以 40~42 度 C 溫水洗滌一次，之後將溫水倒掉。

以經溫水浸潤擰乾之紗布覆蓋於糙米上，靜置 18 小時以待發芽。

18~24 小時後萌發出 0.05~0.1 公分之芽。

清粥上的一層濃湯，媲美人參湯

熬過粥的朋友都知道，粥上會有一層米湯，這層米湯是我很推薦的養生極優品。這清粥上的一層米湯，從前經濟狀況較差的人吃不起米飯，只能喝粥，照樣可以下田做粗活，經過現代科學的研究發現，白米熬煮後的米湯，能有效提升大分子的抗體，可以補中益氣，這濃稠的米湯汁，堪稱是「窮人的人參湯」。

有朋友會說：「要熬出一鍋濃稠的米湯，很耗時間又費功夫，一旦分心不注意就焦了。」其實我可是有簡易、不會燒焦、省時省力又營養的方法：

先將米洗淨泡於清水後，用果汁機打碎成均勻的米漿汁，另用有握柄的不鏽鋼鍋加入所需要的水量，煮沸後再輕輕倒入米漿汁攪拌均勻即可。這便是清湯米漿（玉露），雖然簡省步驟，但煮出來的米漿一樣可促進抗體，產生免疫力，若有瀉肚子時，可加少許鹽，代替生理食鹽水，對

恢復體力還是一樣頗有幫助。

　　在台灣平凡無奇的米飯，其實就是最佳的食補素材，《隨息居飲食譜》中記載：「粥飯爲世間第一補之物，故貧人患虛證，以濃米飲代人參湯。」在古代，皇家貴胄和有錢人是吃人參補身體，百姓則是吃粥補身體。男人要下田種地，需要耗相當大的體力，所以他們吃飯；而操持家務的婦女，就只能就大鍋飯盛剩下的米粒來煮米湯或粥來吃，但也並不因爲如此，影響了身體的健康。記得在我小時候，有病人因爲嚴重腹瀉，來找我當中醫的爺爺看病，爺爺告訴他：「多喝新鮮米煮成的米湯，但不要吃粥。」沒多久病就好了。

　　多年來，我致力推廣穀物藥膳，將這套中醫理論運用在現代醫學上，開始讓無法進食的病人，每天下午喝一碗「玉露」，結果讓原本無法進食的病人，情況明顯好轉到可以吃東西，對病中的生活品質有相當幫助。我們現代的生活環境，是非常髒亂的，這些髒亂可能會造成免疫力低下，然後常用的藥物不管是消炎藥、抗生素，均有免疫抑制作用。老人家也因爲慢性病吃很多藥，大家也都知道很

傷，其實這也造成身體的免疫力、功能受影響；所以玉露對老人身體的健康促進，是很有幫助的。

很多人以為吃人參才能補身體，但人參也要看人吃，一個身體健康的人吃人參，確實可以達到食補的效果，但若在罹病的潛伏期「盲目的進補」，由於人參屬熱性藥材，促使病邪留置體內，反而可能加重病情。不論是冬蟲夏草或者其他名貴藥材，不是太貴，就是非台灣本地生產，藥材來源少，以致假貨充斥，大家可能花了大錢卻買到假貨、吃了不但沒補到卻反而傷身。因此多選用在地當季的生鮮食材和簡易可行的料理方法，才是對我們身體有效的調養。

枸杞明目玉露

現代醫學研究證明，枸杞有 18 種氨基酸，大量的胡蘿蔔素，維生素 B、維生素 C，以及鈣、磷、鐵等物質。不僅被用於防治糖尿病、高脂血症、肝病及腫瘤，對防治眼疾更有特殊的醫療價值。在枸杞中含有大量胡蘿蔔素，進入人體後在人體酶的作用下，可以轉化成維生素 A，向來被看作保護眼睛、防止視力退化的特效天然維生素。

－材料－

枸杞 30 克、白米半杯、冰糖依個人喜好。

－作法－

● 白米半杯洗淨加水，用果汁機打成漿汁，篩網過濾後，將殘留的渣再加入水，繼續用果汁機打成汁，反覆幾次，直到完全通過篩網。

● 枸杞加水，用果汁機打成汁，篩網過濾去籽後，將

殘留的渣再加入水，繼續用果汁機打成汁，反覆幾次，直到完全通過篩網。

- 將水煮沸，緩慢倒入白米汁，攪拌均勻後，再慢慢的加入枸杞汁，再攪拌均勻，最後依個人喜好加入適量的冰糖。

小叮嚀

枸杞

　　枸杞明目、補肝腎，益精血，四季皆宜食。可沖泡當茶飲，或入菜添風味。近年來進口檢驗把關嚴格，到有信譽的中藥行採購，不至於買到染色的枸杞，可放心食用。但若是放入水中，即呈現紅色水，是有添加色素的枸杞，不能食用。

杏仁止咳下氣玉露

杏仁一般可分為南杏仁與北杏仁，北杏仁比南杏仁稍小。南杏仁又稱甜杏仁，甘平入肺，適用於虛症喘咳。北杏仁又稱苦杏仁，性屬宣洩，有下氣平喘止咳之效，適用於實症喘咳。時序入秋或寒冬之際，加入對健胃益脾有幫助的有機米，一起打成汁，趁熱喝下有祛寒之效。

－材料－

苦杏仁去皮尖 10 克、甜杏仁去皮尖 30 克，有機米半杯、冰糖適量。

－作法－

● 將米洗淨，浸泡於清水中。
● 苦杏仁、甜杏仁洗淨浸泡於清水中。
● 將米放入果汁機中加水淹過食材即可，打成均勻細漿，用網杓過濾，將較大顆粒再加水繼續用果汁機

打成汁，反覆幾次，直到完全通過篩網。

- 兩種杏仁放入果汁機中加水淹過食材約一公分高即可，打成均勻細漿。

- 4 杯水煮開之後，緩緩加入米漿攪均勻。

- 加入杏仁漿攪拌均勻，改用小火燜煮 10 分鐘後，再加入適量的冰糖即可趁熱食用。

小叮嚀

杏仁

　　杏仁的去皮技術很重要，先將帶皮的原杏仁洗淨放入
沸水中燙煮即刻撈起，放入網籃中，再用手工揉去外皮，
而不是用水浸泡。一般來說，甜杏仁（南杏仁）多用於食
品；苦杏仁（北杏仁）則潤肺效果比較好。

黨參糯米補血玉露

　　糯米補氣作用較蓬萊米強，但易生脹氣，若容易生脹氣的朋友，建議食用時可滴數滴薑汁。黨參補氣，大棗（紅棗）補脾，兩者合併能補脾健胃，加入香甜又可補血益氣的桂圓肉，味道更香純可口。

－材料－

圓糯米1杯、紅豆100克、桂圓肉30克、黨參30克、大棗30粒。

－作法－

● 黨參加水6-8杯，放入電鍋之內鍋，外鍋加水半杯水，煮至開關跳起，濾去渣，汁待用。
● 糯米洗淨，浸泡於黨參湯中，先用大火煮沸後，改用小火煮至糯米爛熟為止待用。
● 紅棗洗淨，剝開去核再切成細塊，待用。

- 紅豆洗淨，泡於清水中半小時後瀝乾，將紅豆放入果汁機中加水 2-3 杯，打成均勻豆汁，放入電鍋內鍋中，外鍋加水半杯，煮至開關跳起。
- 將黨參糯米粥拌勻、煮沸，加入紅棗切碎片，紅豆漿汁；最後加入適量冰糖調味後，放入鍋中一面攪拌熬煮至紅豆香氣出來即可食用。

小叮嚀

黨參

　　補中益肺氣，補血生津，顏色不能太白，會有燻過硫黃的可能。以皮鬆肉緊、橫紋多、質地柔潤、味甜、有香氣佳。

——————— \\\\\\ 小叮嚀 \\\\\\

大棗

　　是紅棗的統稱，以雞心狀紅棗為佳。自古以來並列五果之一，五果為桃、李、梅、杏、棗，能養血、安神。

綠豆小米清熱玉露

　　綠豆屬可清熱解毒中藥，解毒最好部分爲外殼，因此宜帶外殼同食。綠豆種子具豐富蛋白質，易被人體消化吸收，大量食用後不會產生脹氣；綠豆芽含豐富維他命C及礦物質，經常食用，可降低高血壓及膽固醇，尤其維他命B17，爲乾種子的30倍之多，多食可預防癌症。

　　小米則有補脾腎、清熱解毒、利腸胃的作用；兩者配佐是一道十分好的清熱飲品。特別是天冷時，來份熱熱的綠豆小米玉露當點心暖暖胃，對老人家身體很好。

－材料－

綠豆半斤、小米半杯、有機蓬萊米半杯、冰糖適量。

－作法－

● 小米、有機米洗淨，和洗淨之綠豆先各泡30分鐘後待用。

- 綠豆加水 2 杯放入電鍋內鍋，外鍋加水半杯，煮至開關跳起，放冷，倒入果汁機中加入適量水，打成漿待用。
- 小米及有機米加水 2 杯放入電鍋內鍋，外鍋加水半杯，煮至開關跳起，放冷，倒入果汁機中加入適量水，打成漿待用。
- 另用一鍋子內盛 6-8 杯水煮沸，徐徐加入米漿，攪拌成漿狀後，改用小火，加熱 10 分鐘，再徐徐加入綠豆漿，攪拌均勻，煮沸後加入冰糖攪拌。

綠豆的選購主要挑選顆粒飽滿、大小均勻，越不新鮮的綠豆顆粒會萎縮、重量較輕。綠豆分「毛綠豆」與「油綠豆」兩種：

- 毛綠豆：表皮無光澤，沙性大，易煮爛，口感比較綿密、適合來煮綠豆湯。
- 油綠豆：殼厚，表皮綠色，有光澤，出芽率高，最

適合生成豆芽，用來打冰沙口感較佳、適合加工製作內餡用。

甜杏仁補益潤肺玉露

有機蓬萊米可健胃益脾，杏仁味苦性溫入肺經，有下氣止咳之效。正值寒冬之際趁熱喝下，有暖身祛寒之效。

－材料－

甜杏仁去皮尖 30 克、小米 10 克、有機蓬萊米半杯、冰糖適量。

－作法－

● 洗淨食材，泡水 1 小時，若沒時間泡也沒關係。
● 小米和有機蓬萊米分別放進果汁機，加水一定要淹過食材，打成均勻細漿，可用網杓過濾，將較大顆粒再加水繼續用果汁機打成汁，反覆幾次，直到完全通過篩網。
● 甜杏仁去皮尖放進果汁機，加水一定要淹過食材，打成均勻細漿分別用刮刀裝入保鮮盒。

● 依照要喝的量，一杯或兩杯水加熱煮開後徐徐加入
米漿攪拌均勻的清湯玉露，再加入等量的杏仁漿攪
拌、煮開後即可食用，若煮較濃稠則可當點心，多
放水稀釋去煮則可當飲料，但排便偏軟的人，杏仁
少加些，因杏仁含植物油質易滑腸通便。

冰糖、白糖（砂糖）、紅糖，都屬於蔗糖。因製作過
程不同，才會有所差異。

● 冰糖：冰糖的蔗糖純度最高，屬精煉白糖，純度幾
乎是 100%。

● 白糖：純度高可達 99.6% 以上，原料蔗糖經過溶
解去雜質，多次結晶煉製而成。一般的二砂
或二級砂糖，含有少量礦物質及有機物，因
而帶有點黃褐色澤。

● 紅糖：又稱黑糖，是甘蔗榨汁後直接熱煮，保留最
原始的天然風味，沒有經過精製，帶有雜

質，富含維生素及礦物質，因為沒有經過高度精煉，幾乎保留了蔗汁中的維生素和鐵、鋅、錳、鉻等微量元素，營養成分比白砂糖高很多，但純度不到 80%。

黑芝麻枸杞明目元氣玉露

　　這道玉露色澤特殊，味道香醇，滋陰補腎、補中益氣外，對骨質疏鬆朋友的鈣質補充有所幫助；若不喜吃甜的朋友可不加冰糖。

　　黑芝麻含有豐富的亞麻油酸及植物性鈣質成分，為吃素者最好的鈣補充食品；枸杞含豐富之 β- 胡蘿素，是保護眼睛維他命 A 的前驅物質，並含人體所需各種氨基酸，易吸收外，同時有滋陰補腎作用，對居住亞熱帶怕燥氣的人而言，是最適宜的；而薏仁中含有抗腫瘤的薏仁脂，對健康很有幫助。

－材料－

黑芝麻 40 克、小米半杯、有機蓬萊米半杯、薏仁 10 克、枸杞子 20 克、冰糖適量。

－作法－

- 小米、有機米洗淨，浸泡於清水中。小米和有機蓬萊米分兩次放進果汁機，加水一定要淹過食材，打成均勻細漿，可用網杓過濾，將較大顆粒再加水繼續用果汁機打成汁，反覆幾次，直到完全通過篩網。

- 黑芝麻洗淨，用漏杓滴乾後，放入鍋中炒香，加水放入果汁機中，打成均勻之細漿。可用網杓過濾，大粒者倒入果汁機中重新再打勻為止。

- 薏仁挑完整顆粒的洗淨。加水放入果汁機打成漿，用網杓過濾，大粒者倒入果汁機中重新再打勻為止，放入電鍋中，外鍋加水半杯煮至開關跳起待用。

- 黑芝麻和枸杞子加水放入果汁機中打成漿，用網杓過濾，大粒者倒入果汁機中重新再打勻為止。

- 4 杯水煮開之後，緩緩加入米漿攪均勻後，再一邊加入薏仁漿攪拌均勻，改用小火燜煮 10 分鐘後，加入黑芝麻枸杞漿攪拌均勻，再加入適量之冰糖即可趁熱食用。

薏仁

　　台灣出產的薏仁品質很好，大薏仁指的是糯薏仁，紅薏仁則是保留了外殼的薄膜。

紅豆茯苓利水消腫玉露

　　紅豆富含蛋白質、澱粉、鈣、維生素 B 群，鐵、磷含量也較高。《神農本草》認為小紅豆具有通便、利尿、消腫之功能，對於心臟病或腎臟病患者大有補益。茯苓亦具利水滲濕、健胃補中之功。

　－材料－

　　紅豆 100 克、茯苓粉 20 克、小米半杯、有機蓬萊米半杯、冰糖適量。

　－作法－

- 小米與有機米洗淨，浸泡於乾淨水中，待用。
- 紅豆洗淨，泡於清水中，待用。
- 小米與有機米和 2-3 杯清水放入果機中，打成白色乳汁，再加入茯苓粉打均勻。
- 紅豆和 2-3 杯清水放入果汁機中，打成均勻紅色乳

汁，放入電鍋內鍋中，外鍋加水二分之一杯，煮至
開關跳起待用。

- 水 4-6 杯煮沸後，徐徐倒入米白色乳汁，並用中火
  加熱煮沸後，再將紅豆乳汁亦緩緩加入攪拌均勻
  後，改用小火煮至香味溢出，再加入適量之冰糖拌
  勻後，放入燜燒鍋中保溫，可趁熱飲之，香潤可
  口。

\\\\\ 小叮嚀 \\\\\

茯苓

　　茯苓利水、消腫、滲濕，可治各種水腫。能補脾和中、寧心安神，會增加巨噬細胞的細胞毒性作用，增加吞噬力及指數，能激活抗體對腫瘤的免疫監督系統，與抗腫瘤活性有極密切的關係。選購時以不能燻過硫黃為佳，藥材燻過硫黃顏色會變得比較白，賣相比較好。

白芷防風荊芥袪風解表玉露

白芷袪風解表玉露，最適合舒緩感冒頭痛，特別是前額部分的疼痛或血虛的偏頭痛。白芷具有袪風解表、止痛、消腫排膿等作用，芳香的成分能刺激中樞神經的興奮，因此是為中醫感冒頭痛常用之主藥材之一。

—材料—

白芷 5 克、防風 3 克、荊芥 3 克、薄荷 3 克、綠茶 3 克、有機蓬萊米半杯、適量冰糖。

—作法—

- 白芷、防風、荊芥一起入鍋，加水 3 杯，煮沸後改用小火煮 3 分鐘略微燜後，再煮沸一次。
- 有機米洗淨，浸泡於清水中。小米和有機蓬萊米分兩次放進果汁機，加水一定要淹過食材，打成均勻細漿，可用網杓過濾，將較大顆粒再加水繼續用果

汁機打成汁，反覆幾次，直到完全通過。

- 薄荷、綠茶放入有蓋的杯中，沖熱開水加上蓋子待用。

- 白芷、防風、荊芥煎水煮沸後，慢慢加入米漿攪拌均勻再加入薄荷、綠茶的茶汁一煮沸馬上熄火，加蓋燜至微涼即可，味道十分芳香，可再加入少量冰糖，調至個人喜愛的甜度。對受風寒感冒頭痛的朋友來說，是最適合的養生茶飲。

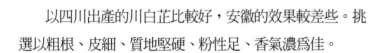

白芷

　　以四川出產的川白芷比較好，安徽的效果較差些。挑
選以粗根、皮細、質地堅硬、粉性足、香氣濃爲佳。

小叮嚀

防風

　　野生數量越來越少，多爲人工栽種，切開面皮爲淺褐色，中心部淺黃色爲佳。

小叮嚀

荊芥

荊芥花穗最好、但要乾燥、莖細、穗多無泥、黃綠色為佳。但近年來因產量問題有些藥材商會以地上全株的植物切段來使用，效果會降低。

第三章

善用電鍋蒸出四季好營養

萬物升發的春天

　　不同的年齡層，需依照不同的生理生長發育所需的各種營養素進行飲食調理。一般在春天生長期間，老人家要補氣，如果有貧血的話，就要補血。有些老人皮膚比較乾燥，因爲多天的冷縮，就需要滋陰、生津補氣。尤其是清明前後，老人家特別容易有些疼痛疾病的發生，像腰痠背痛等，這時宜選擇有鬆弛補益的甘味食物。同時因爲是節氣在轉換，在這個時候當然有些禁忌，少吃或不吃偏寒、偏冷的食材。

　　日常缺少運動比如白領階級的上班族群、正逢考試的學子或考生們也會感到疲倦、沒精神、昏昏欲睡、頭昏腦脹、睡不好、睡不夠，其實這是氣血不暢，經脈不通的現象。因此春天進補可多用「和」法，以補氣、行氣、活絡筋骨的運動，佐以體質的改善來調和，以確保身體能適時

的得到補養、保持活力和健康。

　　春天應該多吃些對肝有益的食物，首選應時的蔬菜和水果，尤其是綠色的蔬菜。但是羊肉、紅參等屬於溫燥的食物，在春天則不宜多吃。欣欣向榮的春天是萬物生長發育的季節，適合選擇的食材為具有辛甘發散性質的蔬菜，如油菜、香菜、韭菜、洋蔥、芥菜、白蘿蔔、茼蒿、大頭菜、茴香、白菜、芹菜、菠菜、茴香菜、黃花菜、蕨菜、蒿苣、茭白、竹筍、黃瓜、冬瓜、南瓜、絲瓜、茄子等。用來做調味的則有生薑、蔥、青蒜、大蒜、胡椒、豆豉、香菜、九層塔等等。

　　中醫學認為，肝木太旺會傷及脾土，為了讓肝與脾胃間能相制衡，可吃些口味微甜的甘潤食品如大棗、百合、荸薺、梨、桂圓、銀耳等來滋養脾胃。例如在烹調魚、蝦、蟹等寒性食物時，必佐以蔥、薑、酒、醋類溫性調料，以防止菜肴性寒偏涼，食後有損脾胃而引起不舒服；又如在食用韭菜、大蒜、木瓜等助陽類菜肴時，常配以蛋類滋陰之品，以達到陰陽互補的目的。

杏鮑菇香菇春筍雞湯

　　在春天的時候，尤其是在像過年前後，這道菜一般老人也能獨自烹調，是最簡單的一道湯品。

　　在我的研究裡，所有的菇類中含多醣體最多的就是杏鮑菇。它有一點杏仁的味道，有與杏仁相同的杏仁皂苷成分，所以可提升免疫、可防癌、鎮咳下氣。

　　香菇的多醣體目前在國際醫學報告上，也有一些對癌症病人，輔以香菇精的研究，再則香菇的香氣是大家比較熟悉、喜歡的。

　－材料－

杏鮑菇 200 克、乾香菇 30 克、綠竹筍 1 支、烏骨土雞半隻。

　－作法－

● 杏鮑菇洗淨切片、乾香菇先浸泡放在保鮮盒中潤軟

後取出切絲、綠竹筍洗淨剝殼、切塊。

- 土雞一定要先汆燙去血水。
- 所有食材放進內鍋，加水蓋過食材即可。如果喜歡喝湯的朋友，可多加一到兩杯水放入電鍋中。
- 外鍋加水 2 杯，煮至開關跳起，上桌即可食用。

　若要讓湯更鮮美，可以加蛤蜊，譬如說可以加個 10 顆或 20 顆，蛤蜊要加需等湯煮好，再加蛤蜊進去，但是要加杯熱水在外鍋，蛤蜊煮開才能保有較多的鮮味。

　老人最好是吃原味，有些人實在不喜歡，可以加一點點的鹽，一點點就好，或者是不要，盡量吃原味，雞肉可以沾一點點的醬油來吃。

雙牛雙杏煲

　　雙杏就是「杏仁」跟「銀杏」，銀杏最好是買已經煮熟的，因為如果不會弄沒有處理好，怕它裡面有氰酸會跟我們血液中的紅血球凝集在一起，然後會休克。熟的銀杏，素食的材料行或者是超市，都有已處理好的小包裝販售，也有罐頭包裝的都可以。杏仁就是我們普通的一般中藥行買的杏仁即可。

　　食材中的竹笙比較麻煩，難免都有燻過二氧化硫，一定要把它去除掉，二氧化硫遇熱會揮發，所以竹笙的作法是先放在熱水裡，燙洗第一次時多半可以聞到二氧化硫的味道就跑出來，跑出來之後，最少要煮兩次，第二次如果聞不到硫黃的味道，這樣就可以，如果還有味道的話，必須再煮第三次，然後再泡在乾淨的水裡待用。

－材料－

竹笙 5 條、熟銀杏 50 克、杏仁 10 克、牛蒡 1 條、

牛柳半斤、醬油、地瓜粉、香油。

－作法－

● 洗淨竹笙切段放入沸水中煮沸再取出放入冷水中泡
洗，若有硫黃味則須再重複洗至無硫黃味為止、牛
柳汆燙去血水後切塊。

● 牛蒡最好用瓷刀子稍微刮掉外皮，不要削皮，或者
可以用搓的方式清洗掉，其實不洗也沒有關係，牛
蒡不要切，用刀柄拍裂開後，再切成一塊一塊的，
趕緊放在六到八杯的熱開水裡面煮湯，動作若不夠
快，去皮牛蒡會因接觸空氣一直氧化掉而變黑。

● 牛蒡湯中放入竹笙、銀杏、杏仁、牛柳，加上 1 小
匙的醬油進去，比較有紅燒湯的那種味道。

● 外鍋放水 2-3 杯，煮至電鍋跳起即可。最好就這樣
盡量吃原味，不要再加鹽。

—— \\\\\ 小叮嚀 \\\\\

銀杏

又稱之為「白果」，果肉鮮嫩，富含氨基酸、多種維生素等營養成分，可以炒食、煮食，或做成蜜餞。

《本草綱目》記載：「白果食滿千個者死」。意思是說大量的食用銀杏會引起中毒，但銀杏毒性物即氰酸，乃是因含氰酸配醣體，加熱可被破壞其水解酵素，使氰酸配

醣體不被分解成有劇毒的氰酸，切記煮熟透後才可食
用。

雙花雞湯

　　雙花，就是清熱解毒的「金銀花」，和清熱退火的「菊花」。春天的時候很多的病毒開始蠢蠢欲動，這是道可抗病毒的湯。身體比較虛弱的人，容易產生所謂的虛火，尤其是老人，虛火就是到下午的時候，總覺得身上有點熱熱的。

　　春天容易虛火還有一種是嘴破，所以我們一般是會放甘草片，不要放很多，大概是放 2-3 片就好。枸杞可以考慮放到 20 顆；地骨皮是枸杞的根，也有清熱的作用。

－材料－

金銀花 10 克、菊花 5 克、地骨皮 5 克、枸杞 5 克、甘草 2-3 片、雞翅 6 隻。

－作法－

● 雞翅 6 隻燙掉血水。

- 所有食材放入內鍋，水淹過食材就好，一定要密封
  內鍋，香氣才不會跑掉。
- 外鍋加水 1-2 杯，煮至開關跳起即可。
- 講究點的作法，會把金銀花先燉，因為它比較沒有
  香氣，等整鍋燉好後再把菊花放下去燜一下，菊花
  的香味就整個逼出來，才會很香。

小叮嚀

金銀花

　　以乾燥、花蕾多肥嫩、沒葉梗、氣清香、色黃白爲佳；自古被譽爲清熱解毒良藥且不傷胃，金銀花泡水喝，可治療咽喉腫痛、預防上呼吸道的感染。

小叮嚀

地骨皮

是枸杞的根，又稱「杞跟」或「地骨」，質地輕脆，容易折斷，斷面不平坦，外皮呈棕黃色，內為灰白色；以塊大、肉厚、無木心與雜質為佳。

高纖元氣筍

　　潤泡過的筍乾，富含高纖，200 克就可以滷一大鍋，大家都說筍乾會傷胃，主要是靠黨參來中和；再用桂圓跟大棗來補脾健胃。

　　筍乾也會去燻硫黃，一定要先過水洗幾次，洗到酸味變少，最好是用一個大點的漏勺，筍乾放裡面，水一直沖洗到變清才可。筍乾的香氣是自己本身的發酵，買回來時它會有醃的鹹味，徹底沖洗過就沒有了，這樣的筍乾才可以食用。梅乾菜的沙一定要洗乾淨，一球買回來別嫌煩，剝開把沙洗乾淨，不然會破壞口感。

―材料―

筍乾 200 克、柴魚片 20 克、梅乾菜 30 克、桂圓 10 克、黨參 30 克、大棗 20 粒、橄欖油少許。

一作法一

- 筍乾、梅乾菜一定要徹底洗淨，把梅乾菜切成很細碎。
- 用少許橄欖油，不習慣橄欖油的朋友，也可用雞油差不多 100 克取代，放下去稍微炸一下，把筍乾、梅乾菜下去炒一下，放進內鍋。
- 柴魚片、桂圓、黨參、大棗一起放進去，加水蓋過材料。
- 外鍋可以放 2-3 杯半的水，煮至開關跳起，藥材本身的氣味豐富，不用再多放調味料。

南瓜蒸蓮子香菇雞

ー材料ー

南瓜半個、雞柳 200 克、蓮子 20 克、鈕釦菇（小香菇）20 克、醬油、地瓜粉、香油少許。

ー作法ー

- 南瓜洗淨切塊。
- 雞柳切成條狀，連同浸泡好的香菇一起和醬油、地瓜粉、香油、薑末少許拌一拌。
- 拿個碗，先把南瓜鋪底、依序一層層放上雞柳、香菇、蓮子。
- 外鍋放水 1 杯，蒸至開關跳起即可。

小叮嚀

蓮子

要去芯、不可有發霉的混在其中，乾燥度要夠，新鮮度才會好，放久了，顏色會發黃。

尾冬骨燉玉米

　　老人家常常會有腳氣，會有水腫，可從食材來幫忙利水，就是用玉米，特別是玉米鬚利水，尾冬骨玉米湯這道菜就很簡單。老人為什麼喜歡尾冬骨，因為他們覺得尾冬骨這個部分，是比較有力氣支撐的骨頭、同時油較少。

－材料－

尾冬骨半斤、玉米 3 條、黃耆 20 克、蛤蜊 20 顆

－作法－

- 尾冬骨先燙洗過、蛤蜊洗淨。
- 玉米洗淨，切塊，玉米鬚保留切段。
- 將所有食材放進內鍋，加水淹過食材。
- 外鍋加水 2 杯，蒸至開關跳起即可。

大蒜田雞煲

　　大蒜田雞湯清澈爽口，田雞是完全沒有油脂的白肉，對老人是一種非常棒的肉類補充。

－材料－

田雞半斤、大蒜 1 兩、薑 2 片、枸杞 20 克。

－作法－

- 田雞洗乾淨去皮，用熱水汆燙。
- 蒜頭去膜，蒜頭一顆顆不要壓扁或拍碎，稍微用刀子割裂開，容易出味即可。
- 將所有食材放進內鍋，加水淹過食材。
- 外鍋放 2 杯水，煮至開關跳起即可。

大棗大頭菜燉排骨

　　燉排骨加時加入大棗，會比較有香氣。若不喜歡大頭菜，可用白蘿蔔取代。

－材料－

小排 300 克、大頭菜 1 顆、大棗 2-3 顆、鹽少許。

－作法－

● 大頭菜去皮切成塊狀。大棗就是紅棗洗淨去籽，若紅棗表皮皺紋呈現黑色，表示有發霉不可以使用。

● 將所有食材放進內鍋，加水淹過食材。

● 外鍋加水 2 杯，蒸至開關跳起，小排熟爛可口、湯汁鮮美香醇，是道老少咸宜的湯品。

螺肉蒜

　　是台灣有名的過節家庭團圓火鍋菜，也是過年時不少家庭的團圓菜之一。若不用電鍋蒸，可當火鍋上桌慢燉，青蒜都是上桌前再放，湯鮮濃郁，是下酒好菜之一。且青蒜白色部分和蔥白一樣，有去寒作用，可預防感冒。

－材料－

螺肉罐頭 1 罐、小排 300 克（也可用尾冬骨）、白蘿蔔 1 條（人少可用半條，或過年時的長年菜心也十分合味）、乾魷魚 1 條、腐竹片 1 小包、青蒜 2 根、枸杞 10 顆、鹽少許。

－作法－

● 乾魷魚發泡後切細絲，白蘿蔔切丁、腐竹片切絲、斜切青蒜備用、螺肉罐頭開罐備用。
● 小排或尾冬骨，需先汆燙過。

- 除青蒜外，所有食材一起放進內鍋去燉。
- 外鍋加水 2 杯，蒸至開關跳起，上桌前再加入切片的青蒜。（宴客聚餐圍爐可做火鍋）

清熱解暑的夏天

　　夏季氣候燥熱，補的原則以「熱者涼之，燥者清之」為主，清燥解熱乃夏季養生的訴求。

　　盛夏烈日高溫蒸灼，令人感到困倦、煩躁和悶熱不安，如何讓頭腦清靜，心平氣和是養生的首要目標。正因暑熱，理當少吃高脂重味、辛辣上火的食物，飲食宜選擇較清淡外，並以具清熱、袪暑、斂汗、補液等作用為先，及有助於增進食慾的食材為佳。

　　以新鮮蔬菜瓜果來說，如蕃茄、黃瓜、苦瓜、絲瓜、西瓜之類清淡宜人，既能保證營養，又可預防中暑。菊花清茶、酸梅湯和綠豆汁、蓮子粥、荷葉粥、皮蛋粥等也一樣可清暑熱，有生津開胃的效果。就以冬瓜來說，清熱解暑，健脾利尿外，兼具可治暑癤痱毒，膀胱濕熱，小便不利，水腫等症狀。冬瓜子除美白外，尚有利尿作用，可預

防夏日的尿道發炎。現代科學研究證實，可促進人體的干擾素誘導，提升免疫力、減少感染。但脾胃虛寒，腎虛的人就不宜多吃。

夏季的各種水果不僅含有豐富的維生素、水分、礦物質，而且果糖、果膠（柑橘類）的含量明顯優於其他食品，這些營養成分對人體健康是有益的。但是每年卻有許多人因吃水果不當，而引發多種疾病，例如虛寒體質的人，基礎代謝率低、體內產生的熱量少，四肢即使在夏季也是涼涼的；由於他們的副交感神經興奮性高，所以面色較一般人白、很少口渴、較喜熱飲熱食，即便是待在冷氣房裡，都會讓他們不舒服。

熱量低、富含纖維素，但脂肪、糖分都很少的水果，就屬於寒性，這類水果吃下去，纖維素和水分會佔據胃腸道，讓人吃不下其他營養食物，還會越來越怕冷、虛弱，所以只適合於實熱體質的人食用。

體質偏寒的人，在吃水果時，應選擇溫熱性的，這類水果包括荔枝、龍眼、蕃石榴、櫻桃、椰汁、杏、栗子、胡桃肉等。相反實熱體質的人代謝旺盛、容易發熱，經常面色紅赤、口乾舌燥，喜歡吃喝冷食冷飲，容易煩躁，又

常便祕。這樣的人要多吃寒涼性的食物，如香瓜、西瓜、
梨、香蕉、芒果等等。

葛根蓮藕煲

　　葛根對紓解肩頸痠痛有幫助，老人常常會有這邊痛那邊痛，葛根能去瘀止痛，中藥治感冒的「葛根湯」對肩背痠痛便有很好的效果；但這道食譜，葛根用量不多，所以不必與吃藥聯想在一起。這道菜有一點像煮綠豆湯，可多用腰果的不飽和酯肪，綠豆稍微少放一點。尤其是夏末秋初常有許多病毒感染，我研究中發現，葛根具有抗流感病毒及引發鼻咽癌的病毒，因此葛根蓮藕煲可預防感冒及防癌。

－材料－

蓮藕 2 節、葛根 20 克、綠豆 20 克、腰果 60 克、尾冬骨 300 克、枸杞 10 克。

－作法－

● 汆燙尾冬骨、中藥材沖洗一下。

- 所有食材放進內鍋，加 10 杯的水做湯汁。
- 外鍋放 2 杯水煮至開關跳起，要是綠豆、腰果還沒有爛，再加上半杯的水，就是一直煮到腰果非常的軟爛好入口。
- 起鍋前再加一點枸杞即可。

小叮嚀

葛根

以塊大堅實，色白粉性足，纖維性少佳，葛根有解肌表退熱、生津止渴之效。

利水消腫雞骨架四神湯

　　薏苡仁、芡實、蓮子、淮山（山藥），這四種中藥材，是「四神湯」的基本湯底；但因台灣常年多濕熱，會再加點補脾健胃除濕的茯苓在其中。台灣夏季特別濕熱、容易犯濕疹、腸胃不適或是瀉肚子。四神湯因有多味利水消水腫的中藥材，不但有瘦身消腫之效，且具補虛益氣之功。

　　這道膳食採用土雞雞骨架，除了雞本身有溫中益氣補精外、雞骨架有添髓之效；薏苡仁利水滲濕，可促使身體內積存的水腫水分排出；茯苓可消腫利尿；山藥補脾健胃；芡實則有收斂作用；多加枸杞滋陰明目、色澤鮮豔，可達美食秀色的效果。從我的研究中，已知薏苡仁具有抗癌作用，但是其成分不溶於水，因此煮時加入雞骨架一起熬湯，若吃素朋友則可加花生或腰果等堅果來取代。

－材料－

土雞雞骨架 1 隻、薏苡仁 30 克、蓮子 60 克、茯苓

30 克、芡實 10 克、山藥 30 克、枸杞子 15 克。

—作法—

● 土雞雞骨架去油及雜質，沸水燙洗除去血水，用刀
　背壓、切塊待用。

● 薏苡仁、山藥、芡實洗淨，茯苓洗淨，炒乾泡於清
　水中待用。

● 蓮子洗淨，若有蓮子芯宜先除去，放入煮沸之鍋中
　燙洗，用漏杓撈起放入有蓋之盒中，濕潤軟後再逐
　一顆顆檢查除去芯待用。

● 將薏苡仁、山藥、芡實、茯苓、蓮子燜熟。

● 將雞骨架放入電鍋中加水 10 杯，外鍋加 1 杯水，
　直到開關跳起，若覺得不夠爛，外鍋再加 1 杯水煮
　至開關跳起。

● 加入少量鹽調味，上桌前加入一把枸杞子，既可食
　用亦添色香食慾。

芡實、蓮子、淮山（山藥）、
薏苡仁，是「四神湯」的基本湯底。

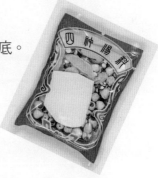

小叮嚀

芡實

　　以廣東兆慶的爲佳，收成後要放兩年以上的口感較好。褐殼白肉，形如珍珠，味甜美，是養生保健良品，既可充飢、食用，也可作爲強身治病的良藥。

小叮嚀

懷山（淮山）藥

　　是天然補脾健胃的佳品，古時以以河南懷慶府所產最好，因而稱爲懷山。台灣基隆種的很好，比南投、日本的山藥都要好。進口之山藥均用硫黃燻，對身體有害，宜選擇經冷凍乾燥者爲佳。

什錦菇雞里脊冬瓜蓮藕煲

　　蓮藕是很好的抗氧化食材，蓮藕洗淨，最好別用金屬材質的刀去切它，蓮藕一碰金屬刀，煮出來的湯是黑黑的。藕節的部分，很多人都直接切掉丟棄，一般中藥用來去瘀的，用的就是藕節，因此我建議一定要洗淨一起放進去煮。

－材料－

冬瓜（帶籽）300 克、鮮香菇 40 克、鮮蘑菇 20 克、杏鮑菇 1-2 根、蓮藕 2 節、雞里脊 150 克、蝦米 10 克（或蛤蜊 10 顆）、大棗 20 粒、薑絲少許。

－作法－

● 冬瓜削皮切塊，籽跟中間的仁果拿起來，切成一小丁；香菇泡水潤軟後切丁；蘑菇、杏鮑菇切片。

● 蝦米洗淨稍微泡點水撈起來備用；里脊肉比較嫩可

以切小丁。把所有材料一起放進內鍋，加水淹過食材；外鍋 2 杯水煮至開關跳起。

● 上桌前再加薑絲即可。

仙草雞

仙草雞要用的仙草，就是老仙草，仙草乾如果越老的會越有膠質，建議可以到中藥店去買；仙草雞燉出來，味道很清淡爽口，我從研究發現仙草有保肝之作用。夏枯草則是有散結作用，是廣東涼茶主材料，性涼配佐雞湯則可改變其涼性增加解熱毒之作用。

這道湯品因為有枸杞的甜味在裡面，雞湯非常的鮮甜，是不太需要多加調味料。若不想用電鍋，也可以用小火慢慢熬煮，但湯汁究不會那樣清徹。

－材料－

土雞半隻約 1 斤重、乾仙草 40 克、夏枯草 20 克、枸杞 30 克。

－作法－

● 汆燙切塊土雞，放入內鍋。

- 仙草乾切碎洗淨，夏枯草洗淨，連同枸杞一起放進內鍋。
- 外鍋放水 3 杯，煮至電鍋跳起即可。

—— 小叮嚀 ——

夏枯草

　　有清肝明目、散結解毒的作用，購買時選色褐、穗大的爲佳。夏枯草作爲食物已經有千餘年歷史。夏枯草最早作爲食用記載見於宋代《本草衍義》，該書記載：「夏枯草……初生嫩葉時作荣食之，須浸洗淘去苦水。」

菊杞雞骨架湯

－材料－

菊花 10 克、枸杞 20 克、麥冬 3 克、天麻 5 克、鉤藤 3 克、雞骨架 1-2 個。

－作法－

● 汆燙雞骨架，用刀柄打碎以後，放在內鍋裡。
● 把菊花、枸杞、麥冬、天麻、鉤藤全部一起放進去加水淹蓋食材，記得封口要封緊，否則菊花香氣會跑掉。要不然就是等煮好了後，菊花再放下去燜一下，香氣才會出來。
● 外鍋加水 2 杯蒸煮至開關跳起即可。

小叮嚀

麥冬

　　是麥冬（麥門冬）乾燥的塊根，呈紡錘形，兩端略尖；表面呈黃白色、有細縱紋、質柔韌，氣微香，甘中帶有微苦。功用在養陰生津、潤肺清心。

天麻

《神農本草經》中天麻是被列爲上品之藥，性溫和，對人體具有補益強壯作用、沒有毒性、副作用又極少。

　　天麻對肝陽上亢引起的頭痛、眩暈等效果顯著，常被當成「補藥」；但若是一見眩暈，不分體質虛實，氣血盛衰，就妄用天麻，這會出問題的，還是需請中醫師做過診

斷才是。

鉤藤

　　因為入肝經與心包經，所以會有平肝風、定驚的作用，對高血壓、頭暈目眩，可以緩解。

牛蒡蘆薈排骨湯

　　蘆薈的葉子有排毒作用，這道菜對排毒很好。因爲蘆薈葉要燉之前，有先加熱滾過，所以不太會瀉肚子，有時候還會有一點通便作用。蘆薈的黏性可以提升免疫，尤其是住在都會地區的老人家，出門去逛逛，外面空氣都不好，蘆薈的黏性可以排毒，可以清掉我們的肺裡面積存的髒東西。

－材料－

鮮牛蒡1條、蘆薈葉2片(約30公分長)、大棗10粒、排骨300克。

－作法－

● 鮮牛蒡刮皮後，稍微用刀背拍一下，切成段。
● 蘆薈葉旁邊有刺煮過會變嫩，留下沒關係，像在切腰花般劃上紋路再切片。

- 排骨熱水汆燙好，放進鍋裡，先用熱水約 5-6 杯滾過，放進牛蒡稍微滾一下，最後放蘆薈葉滾一下。
- 食材連湯放進內鍋，外鍋加水 1 杯煮至開關跳起。

黑白木耳燉大棗

這道膳食，最好是晚上先放進電鍋做，第二天早上還在保溫，等早上起來時再加 1 杯水讓它去蒸煮，會更黏稠好吃。因為已有大棗的甜味，如果怕甜味不夠，可以再加桂圓，我比較建議放 20 克桂圓，而不要放糖。

桂圓可以跟黑木耳、白木耳一起用果汁機打，甜味就會出來，吃的時候還是有鮮味。若加桂圓水加到 6-8 杯的量，一大鍋可以當點心喝。

－材料－

乾黑木耳 10 克、乾白木耳 10 克、桂圓 20 克、大棗 20 粒。

－作法－

● 乾黑木耳、白木耳清洗後泡水，放在果汁機裡面一起加水打碎。

● 大棗洗淨，一定要去籽後，連同木耳汁一起放進內
　鍋裡去燉。
● 外鍋放 2 杯水，煮至開關跳起。

清暑解熱綠豆飲

綠豆清熱解暑、消暑止渴，古人經驗談及「綠豆其涼在皮」皮，即指的是綠豆殼。

葛根有解熱改善燥熱，並具生津作用，在解熱時能防止體內水分喪失，預防口渴。蜂蜜則是天然滋養補品，能增添飲品的緩和性。

－材料－

綠豆 40 克、葛根 15 克、蜂蜜適量。

－作法－

● 綠豆洗淨，加水 4 杯，和葛根片一併放入內鍋中，電鍋的外鍋加水四分之一杯，

● 煮至開關跳起，濾渣，冰冷後，加入適量之蜂蜜即可當茶飲用。

生津補氣人參茶

　　人參不適合熱、燥性的人補氣，參鬚較人參主根甘醇、性較涼。夏日易有皮膚化膿的人可用參鬚 10 克，豬里脊肉燉食，每日喝湯吃肉，很快即可改善。麥冬滋陰生津，兩者配合可生津補氣。

－材料－

人參鬚 10 克（若身體較虛，可用人參片替代）、麥冬 30 克。

－作法－

● 人參鬚、去蕊麥冬，略微浸泡水中一小時。

● 將人參取出切細片後加水 4-6 杯，放入電鍋中。

● 外鍋加水半杯煮至開關跳起，略冷，濾去渣，倒入瓶中，夏天可放入冰箱，冰冷後當茶飲喝。

—— ⫸⫸⫸ **小叮嚀** ⫸⫸⫸ ——

人參

　　氣喘多用粉光參、心臟不好用人參，入藥以野生品種最好，現在的伴手禮，不論哪種參，現多為人工栽植。

荷豆香瓜飲

　　夏天日曬後血管容易擴張，一旦受傷容易導致出血或見瘀。這道飲料具有涼血、即時降低血流速，而達止血的作用。上班族因運動量少，久坐辦公桌，易造成瘀滯不通，荷葉具有祛瘀止血，清熱解暑，配合白扁豆的利尿，香薷（香草）的解熱抗菌，加上冬瓜皮的清涼，荷豆香瓜飲，若再加入兩片含豐富維他命C之檸檬片，風味更佳。

－材料－

鮮荷葉 20 克、香薷 20 克、白扁豆 20 克、冬瓜帶皮 200 克，蜂蜜適量。

－作法－

- 所有材料切細加水 8-12 杯，放入電鍋中，外鍋加水 1 杯，煮至開關跳起，略冷濾去渣。
- 加入適量蜂蜜，放入冰箱中，冰涼後即可飲用。

預防胃腸型感冒，香紫茶

　　夏季胃腸型感冒如頭痛、腹痛、嘔吐、下痢之症狀，藿香配合理氣化痰的陳皮、發汗解熱，行氣寬中的紫蘇葉，可預防夏季感冒，胃腸不適。香紫茶均為芳香成分，因此不宜長時間煮。

－材料－

藿香 10 克、紫蘇葉 10 克、陳皮 10 克、冰糖適量。

－作法－

● 8 杯水煮沸後，將材料加入煮沸 2 分鐘後，加蓋熄火，略冷。

● 濾渣後，加入適量冰糖，當茶飲。

小叮嚀

藿香

　　藿香有化濕和中、解暑、解表之作用，現代藥理學證實對胃腸神經具有鎮靜作用，同時有促進胃液分泌、增強消化力，並有解熱及抗菌作用。台灣產的藿香，品質就很好。

小叮嚀

陳皮

　　以廣東新會縣的為佳，但因價格因素，現在多以福建的為主、橘子皮曬乾外還需加酒、鹽、醋去蒸，跟拿來當零食吃的陳皮梅是不一樣的。

小叮嚀

紫蘇葉

　　台灣土產的草藥比如紫蘇葉，就比大陸的好，因為氣候關係，台灣的紫蘇葉比較嫩。紫蘇在日本，吃生魚片常配食；在中國紫蘇葉可入菜、可沖茶，可行氣和胃。

● 特別推薦 2 道夏天的時令蔬果汁 ●

山芹蔬果汁

山芹菜，清熱利水，生蓮藕，清熱，涼血。

夏季氣溫高燥，心煩血熱；有高血壓患者常易發生血壓上昇。天熱汗流浹背，大量出汗常有尿量少，顏色濃，排尿量減少，而易有刺痛的尿道發炎。

山芹蔬果汁具有利尿、涼血（中醫學上是指減少血管血流壓力，即降血壓作用），加上含有豐富維他命 A、維他命 C 的紅蘿蔔、蘋果、蜂蜜，打好之後，加冰塊則更清涼可口。

─材料─

山芹菜 30 克、蘋果 60 克、胡蘿蔔 60 克、乾蓮藕 30克、蜂蜜適量。

—作法—

● 將所有材料洗淨放入果汁機中打成汁。

● 加入適量之蜂蜜，即成美味清涼鮮果汁。

小叮嚀

蜂蜜

　　補中潤燥，對肺燥咳、腸燥便祕很好；蜜要稠如凝
脂、挑起要有蜜絲不斷，落底要能成一疊一疊的堆疊狀。

蓮藕汁

　　藕節是指蓮的地下莖藕之節部，具有收斂止血作用，新鮮者具有清熱涼血的作用，涼血為中國醫學的名詞，以現代藥理學解釋，是降低血流量，減少血管壁之壓力，而達止血的效用。

　　一般在中藥店買到的是乾品，在蓮藕盛產的季節，吃蓮藕常把藕節去掉，因其纖維多而不好吃，卻不知道此乃是夏日最好的食物。藕節含有抗氧化的多酚類成分，若與金屬、鐵器相遇，會起化學反應而變黑色，因此切時最好用不鏽鋼刀具。

－材料－

藕節 5 段、適量蜂蜜。

－作法－

● 藕節洗淨、壓段後，將土洗淨，放入果汁機中，搾

汁去渣。

● 再加入適量蜂蜜及冰開水，冰涼後飲用。

滋陰潤燥的秋天

　　秋天氣候乾燥容易傷肺，進而引起咳嗽、乾咳無痰、口乾舌燥、皮膚乾燥龜裂等症。因此秋季進補應多吃些滋陰、潤肺、補液生津的平性食物，如梨子、芝麻、蜂蜜、銀耳、白蘿蔔、蓮子、山藥等。

　　多吃蔬菜、水果，也可以補充體內維生素和礦物質，中和體內多餘的酸性代謝物，少吃油膩如燒烤類和辛辣的食物。如果要使用中藥調養身體，使用沙參、麥門冬、百合、生地黃、杏仁、貝母、淮山藥、紅棗等藥材都不錯。

　　有句俗話：「長秋膘。」說的是一般人到了秋天，由於氣候從酷暑轉為舒爽宜人，不知不覺中，食慾也跟著好起來，放縱吃喝之餘，熱量過剩、脂肪當然就跟著推積出可觀成果來。

　　滋陰潤燥，這「陰」要怎麼滋？簡單來說就是多喝水，

因為水又是陰氣的最佳來源，多喝水是「潤燥」最平易做到的方法。古時醫家主張：「朝朝鹽水晚晚蜜湯。」說的是晨起喝杯鹽水，晚上喝杯蜂蜜水，不但可以滋陰潤燥，還可防止便祕、兼有抗老化的功效。

秋天應當少吃些刺激性強、辛辣、燥熱的食材，比如尖辣椒、胡椒等。該多吃些蔬果，例如冬瓜、蘿蔔、西葫蘆、茄子、當季綠葉菜、蘋果、香焦等。凡帶有辛香氣味的食物，都具有散發的功用，中醫的五行學說中，提到秋天的金氣太旺，會傷及肝木，所以可以吃些氣味辛香的食物如芹菜類來保護肝木不至於被波及。

在由熱轉涼的秋天，人體為適應這樣的大自然變化，生理上的新陳代謝也會跟著相因應，所以我們在飲食上請特別注意不要過食生冷，以免造成腸胃消化不良，產生各種消化系統方面的不適問題。不少朋友會到秋天一有寒意初起，就先開始預做進補，秋天雖然也適合進補，但千萬不要人云亦云的亂補，好比沒病盲目跟風進補、沒弄清楚自己體質的虛實寒熱跟著濫補，特別是「以藥代食」。

　　天氣轉涼時，人的味覺會增強，食慾也就大增，飲食會不知不覺地過量，使熱量的攝取大大增加。因此秋季容易造成肥胖，身體也會跟著不好，帶來高血壓、冠心病、腦動脈硬化等疾病。

　　中醫認為水屬陰，陰在方位上來看屬北或背陽之處，所以在飲食方面多吃生長在水裡的食物如蓮藕、竹筍、荸薺、菱角、河海魚鮮；或越冬的冬小麥、地瓜、山藥、花生、蘿蔔、胡蘿蔔、黑木耳、枸杞……都能有滋陰的效果。滋陰潤燥的食物常見的包括：銀耳、蜂蜜、芝麻、豆漿、核桃、薏苡仁、花生、鴨蛋、菠菜、梨、烏骨雞、豬肺、燕窩、龜肉等等，這類食物若經中醫依各人不同體質所需配伍藥方，滋陰潤燥效果當然更好。

參麥玉雞湯

秋冬皮膚乾燥，會產生瘙癢，沙參配合滋陰的麥冬和玉竹，對肺具有清熱滋潤作用，可增加皮膚之潤澤，減輕瘙癢感。中醫學認為肺主皮毛，皮膚乾燥，由潤肺即可改善。以沙參配合潤燥生津的麥冬來滋陰潤肺，玉竹養胃生津，山藥補脾健胃，加上枸杞的滋陰明目，香菇的富含多醣體，這些都是入秋後，潤膚清熱的補益膳食。

－材料－

雞胸肉一塊、沙參15克、麥門冬15克、玉竹15克、枸杞子20克、乾香菇4朵、新鮮山藥200克、蔥兩根、鹽適量。

－作法－

● 雞胸肉去皮，用熱水燙洗後，和沙參、麥門冬、玉竹一併放入電鍋中加水5杯，外鍋加水五分之一

杯，煮至開關跳起，撈起雞胸肉。

● 外鍋再加水四分之一杯，煮至開關跳起，撈去渣，留汁待用。

● 香菇洗淨，略燜潤後，對切成四，待用。

● 將高湯汁煮沸後，加入香菇，改用小火煮至香菇氣出，即可加入雞絲（雞胸肉剝絲），枸杞子；山藥削去外皮後，用不鏽鋼或瓷製磨泥器，磨成泥後，緩緩加入，最後加入蔥花，即可上桌食用；喜愛鹹味者，可加入少量之鹽調味。

沙參

以天然沒燻過硫黃的為佳，潤肺效果好。

小叮嚀

麥門冬

　　麥冬即麥門冬，去芯的麥門冬，在中藥店即可買到，
一般中醫界認為去蕊可除煩，因此麥冬一定要用去芯的。
產地以四川的為佳，挑選已去芯的麥冬滋陰生津，感冒喉
嚨痛可沖水來喝。對現代需常用嗓門的職業如教師、誦
經、業務員等是最好的潤喉補益飲料之一。

小叮嚀

玉竹

　　以野生的爲佳，但藥用與食用的差很多，市售有以黃精混淆取代，兩者價差約一倍，所以還是找可信賴的中藥行採買。

銀耳沙參羹

　　銀耳性平、潤喉潤肺，味淡，具潤肺補肺的作用；大棗補脾健胃，含有65%的碳水化合物，有豐富的多醣類，具有增加免疫調節能力及降血糖，而沙參有補氣生津之效。銀耳沙參羹宜吃熱食，喜甜味的朋友可加固胃潤喉的麥芽糖來調味。

－材料－

銀耳 30 克、沙參 20 克、大棗 10 粒、麥芽糖少許。

－作法－

● 大棗洗淨用刀剝開去核待用。
● 銀耳選購以天然沒燻過硫黃的為佳，洗淨，置於清水中，除去蒂頭，用果汁機打碎。
● 銀耳加水 3 杯，加大棗、沙參，放入內鍋，外鍋加 1 杯水煮至開關跳起，喜甜食可酌量加麥芽糖。

生脈元氣雞腿煲

　　麥冬塊根味甘微苦、性寒。能滋陰生津、潤肺止咳、清心除煩，特別是經長期夏熱，或因放射療法所造成的咽乾口燥、虛脫無力，例如像鼻咽癌病人經放射線治療後。

　　人參雖能大補元氣，但因性熱，改選用參鬚，若身體較弱的老人家可改加人參片 5 克，飲用後有口乾舌燥則停用，並改用參鬚較爲恰當。若有血虛貧血，可改用黨參。

－材料－

土雞腿 1 支、參鬚 10 克，麥門冬 10 克。

－作法－

● 土雞腿洗淨、切塊汆燙。

● 參鬚切碎，加入去芯麥門冬，一起放入燉盅，加水 3-4 杯，以蓋滿材料爲準，放入電鍋中，外鍋加 2 杯水，至開關跳起即可食用。

小叮嚀

參鬚

效用比主根人參較涼，可去燥熱，糖尿病可服用，參鬚加紅棗，就是帖不錯的涼補藥。

棗生桂子米糕

　　這道米糕益脾胃，補心血。特別是對貧血引起的食慾不振，心悸怔忡等症的改善。

　　桂圓肉性溫、味甘，有補益心脾、養血安神之效，西洋參性涼而補，能緩和桂圓肉之性溫，加糯米補氣血，能達大補氣血，且補而不熱。大棗和桂圓肉均屬甘性，多食易造成胃脹，吃時可加薑汁，不宜多食。

─材料─

桂圓 10 粒、大棗 10 粒、糯米（黑、白各半杯）、麥芽糖 20 克、西洋參粉 3 克。

─作法─

● 桂圓去殼，大棗洗淨用刀剝開去核。

● 糯米黑、白各半杯，加水 6-8 杯，加入桂圓、大棗、西洋參粉，放入內鍋中。

- 澆上麥芽糖，用蓋子密閉後，放入電鍋。
- 外鍋加 2 杯水，蒸至開關跳起即可食用。

翡翠玉米濃湯

柑橘類未熟成前都呈綠色，青綠的皮即為中藥材中的「青皮」，因精油成分多且香濃，具有破氣、理氣、化痰、去鬱的功效，尤其對壓力大又繁忙的現代人，如何紓解憂鬱、強化血管是十分重要的。

當秋天橘子開始上市，果肉中富含維他命 C；橘瓣中的籽、橘核不要隨手丟掉，因為橘核味苦、性平，具有理氣、散結與止痛，配合昆布的天然高湯，桃仁活血祛淤、止痛，肉桂的溫中，茴香的溫胃，對胃虛寒的朋友是很好的溫胃理氣食補。若要加強免疫力，可再加入蘑菇片，味道更香純。

－材料－

橘核 12 克、小茴香 5 克、肉桂 3 克、海帶 12 克、桃仁 5 克、玉米醬 1 瓶、鮮奶 1 瓶、奶油 1 塊。

―作法―

● 小茴香和肉桂打成細粉。

● 橘核和桃仁混合打成粗粉。

● 海帶洗淨切成小丁，加水 2 杯煮沸後改用小火燉
煮，再加入奶油玉米醬和橘核及桃仁粗粉，邊煮邊
攪拌。

● 加入鮮奶攪拌成稠狀的玉米濃湯，起鍋後加入小茴
香和肉桂細粉攪拌，加上西洋香菜即可食用。

小叮嚀

肉桂

有散寒止痛，溫經通脈作用，樹齡越高，成份越好。

小叮嚀

小茴香

　　小茴香是茴香荽的果實，以顆粒均勻、黃綠色、香氣濃帶甜味者佳。味道略苦且有點辛辣，可化食除膩，常用於各種滷味中。

\\\\\ 小叮嚀 \\\\\

大茴香

　俗稱「八角」，氣味濃烈，具有健胃、祛寒的作用，產地以南寧爲佳；可幫助排氣，促進消化。

翡翠沙拉醬

－材料－

翡翠香橙、低脂無糖優格、黑芝麻、綠茶粉、各式時
鮮蔬果（依個人喜好搭配）、果糖。

－作法－

日式和風醬

- 柳橙搾汁
- 加入無糖優格、綠茶粉、黑芝麻以及適量果糖。

義大利風味醬

- 翡翠香橙洗淨後，將皮剝下，曬乾後磨成粉，即為
  青皮粉。
- 將青皮粉加入橄欖油，依個人喜好加入各種香料。
- 將各種蔬果洗淨切盤後，淋上日式或義式的翡翠香
  橙，即為清涼健康養生的美食。

翡翠Pizza

有機發芽米中的 *r-* 胺基酪酸，能減少體內的中性脂肪，經由研究分析，省產菇類中，杏鮑菇除富含各種營養素外，亦含有豐富之多醣體成分，具有提升免疫、防癌、抗癌作用。翡翠青絲富含維他命 P，有理氣寬中、活血化瘀、抗鬱功能。維生素 P 主要的機能，是增強毛細血管壁、調整吸收能力、幫助維生素 C 維持結締組織的健康，對維生素 C 的消化吸收上是不可缺少的物質。

－材料－

翡翠金絲、翡翠香橙、有機發芽米、杏鮑菇、起司、時鮮蔬果、火腿。

－作法－

● 將有機發芽米飯煮熟後，加入蛋、鹽、胡椒後，攪拌均勻。

- 在不沾鍋中加入橄欖油，熱鍋後，將發芽米飯平鋪於鍋中，厚度可依個人喜好增減，等到蛋汁凝固後，再翻面。
- 在發芽米飯所特製的餅皮上塗抹喜好的 pizza 醬，再將各種材料切丁，平鋪於發芽米餅皮上。
- 加入起司，蓋上鍋蓋，小火煎到起司融化即可食用。

驅寒就暖的冬天

即便是現在大家日常飲食中，基本營養都不缺，甚至有些朋友還有過剩之虞，但每到冬季天一冷，習慣上大家又免不了想「補一補」。

冬天對老人家來說，飲食應多注意調養氣血，寒氣容易傷人體的陽氣，根據中醫的「虛則補之，寒則溫之」，老人家應多吃性溫熱的食物，來提高身體的耐寒力與避免感冒的發生。

羊肉、牛肉、雞肉、甲魚、鰻魚、蝦子等都是有益滋養腎陽的食材。富含維生素的蔬菜如高麗菜、大頭菜、玉米、蕃茄、豆類、大白菜、大蒜、韭菜、白蘿蔔等，也都是不錯的選擇。

預防感冒薑橘茶

　　冬天喝熱飲，可解酒、驅寒。橘皮具有理氣、化痰之功效，在生物醫學研究上，橘皮可以抗自由基、預防老化以及保護喉部組織的天然成分，所以吃橘子皮可以強化血管，預防高血壓及中風。

　　湯中加生薑具有驅寒、解熱、發汗、瘦身之作用，加入補中調和的甘草、蜂蜜，可補中潤喉。在穿脫衣物一不小心就感冒的冬天，金黃香橙湯不但可以預防感冒，還可以用來解酒。

－材料－

陳皮 20 克、生薑 10 克、炙甘草 5 克，適量蜂蜜。

－作法－

●將橘皮切片，薑 10 克，一起擂爛後加入。

●炙甘草粉 5 克，加水 3-4 杯，放入電鍋中加蓋，外

鍋加水半杯，煮至開關跳起，略冷，濾去渣，加入
適量蜂蜜即可。

小叮嚀

炙甘草

　　能補益心脾之氣，為甘草加蜂蜜的炮製加工品，是將甘草片依照「蜜炙法」炒至深黃色，不黏手時取出，晾涼了即為炙甘草。

氣血雙補萊菔羊肉煲

　　白蘿蔔在中國是好彩頭之意，又稱爲萊菔，在本草綱目中被喻爲蔬菜中最有利益者，具有消食、順氣、醒酒化痰、止渴利內臟、散瘀血、補虛。

　　無論生食或熟食，由十一月中旬到翌年初春的蘿蔔最好吃。生長在蘿蔔上的綠葉又稱之爲蘿蔔纓，一般均在冬季或早春採收，多風乾或曬乾用。蘿蔔富含有葡萄糖、蔗糖、果糖以及豐富的維他命 C，藥理學研究發現，新鮮蘿蔔搗汁飲用，可防止膽石形成，且有助於應用在膽石症的治療。

　　羊肉爲多令進補最低蛋白質的食材之一，配合理氣化痰和補血的當歸，補氣的黃耆，是道絕佳的冬令膳食。

－材料－

白蘿蔔帶葉 1 斤、羊肉半斤、陳皮 10 克、全當歸 1 片、川芎 10 克、大棗 40 粒、黃耆 30 克、薑一塊、

米酒、醬油適量。

─作法─

● 蘿蔔洗淨削去外皮待用，外皮、蘿蔔葉及柄部分，
洗淨另行處理。

● 蘿蔔皮切成絲，加鹽，重壓放置一小時後，除去滲
出之鹽水，加入辣椒，少許冰糖及醬油香麻油拌勻
即可作爲即席泡菜食用。

● 葉柄部切成小丁和蘿蔔葉一切加鹽揉搓，壓去滲出
鹽水後，加入少許香油、醬油拌勻，加入柴魚即可
食用。

● 當歸切細，和川芎浸泡於四分之一杯米酒中，大棗
洗淨，用刀切開去籽待用。

● 羊肉用水洗淨，再用沸水燙洗後加入打成粉的陳
皮，略經揉搓、醃半小時，再一併放入燉煮。

● 鍋中依序加入當歸川芎、大棗加水至 8 分滿，並需
淹蓋肉面，放入電鍋中，外鍋加水 1 杯，煮至開關
跳起，再加入洗淨切好之薑片，即可上桌食用。

\\\\\ 小叮嚀 \\\\\

黃耆

黃耆自古人稱「小人參」，沒有諸如人參對肝火大、感冒、高血壓、腎臟病者等等的禁用，使用時需請示醫師及專業藥師方可食用的人參禁忌。

購買時以紋路小質堅而綿、粉性足、味甜者為佳水煮比沖泡來得好，一般入菜約15克，差不多手抓一撮的量。

補冬養生鍋

－材料－

西洋參、當歸、川芎、白芍、熟地、茯苓、黃耆、肉桂、甘草；個人或家人喜歡的肉類，雞或豬、牛、羊肉、排骨等都可。

－作法－

- 燉鍋內下層放大補湯材料，上層放喜愛的肉品。
- 加水 15 碗，水須淹過肉；也可以一半酒一半水燉煮一小時，即可上桌。

小叮嚀

西洋參

　　目前多爲人工栽培，藥材以條勻、質硬、表面橫紋緊密、氣清香味濃爲佳。

小叮嚀

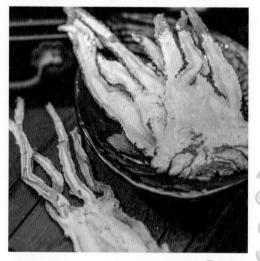

當歸

　　產於甘肅洮河兩岸的爲佳，用於入菜，約一次一片就好，多放會有苦味。選購要以能成片的，若多碎片，可能以獨活混充其中。

小叮嚀

川芎

　　洗淨曬乾、用米酒不摻水，去燜透再切片，藥材才會透香氣出來答到引藥入血的作用。以堅實飽滿、油性足、黃褐色者佳。

—— 小叮嚀 ——

白芍

　　有養血調經、平肝止痛、斂陰止汗的作用，以根粗長勻直、皮色光潔、質地堅實、切面呈黃白色、粉性大、沒有白心或裂斷痕的為佳。

—⟩⟩⟩⟩ 小叮嚀 ⟩⟩⟩⟩

熟地

　是地黃的塊根，又名熟地黃，經加工炮製而成。通常以酒、砂仁、陳皮為輔料，遵循古法九蒸九煮，反覆至內外色油潤烏黑，有光澤，黏性大，材質不易折斷，無臭、味甜為佳。

推薦 2 種料理藥酒：

● **氣血雙補藥酒**

西洋參、當歸、川芎、白芍、熟地、茯苓、黃耆、肉桂、甘草，這幾味藥材加 3 瓶料理米酒、冰糖 30 克，3 個月後即可當藥酒飲用，也可以在煮四神湯或拌麵線時，滴上少許增添風味。

● **六一歸耆酒**

2 片當歸，黃耆 20 克，再加桂圓肉 5 克，料理米酒一瓶，就這樣子泡酒。因為當歸裡有維他命 B6、B12，這酒氣血雙補，桂圓是鐵劑，且味道會甜甜的，通常泡 4 個禮拜後便可取用，當然是泡越久越好。這是素食朋友們很好的調味料，在煮菜、煮湯時都可滴幾滴。

紅燒牛肉好彩頭

－材料－

牛腱 1 大條、大茴香 2 顆、白蘿蔔 1 顆、當歸 1 片。

－作法－

- 牛腱汆燙去血水，切片，加醬油、水，需淹過食材，放進電鍋內鍋蒸，外鍋加水 2 杯。
- 牛腱熟爛之後，再切蘿蔔一起下去燉，外鍋再加水 2 杯。
- 要增加湯頭的甜味或者香味，可加一片當歸。

有人覺得五香是調味不是補，其實當歸也是可以把牛

肉的腥味去掉，加當歸的話，最好要一點點米酒，這樣讓香氣比較會出來。

蘿蔔皮洗淨不要丟，切絲，可加青蒜切段，去炒小魚，炒豆豉，也是道促進腸胃蠕動的高纖開胃小菜。如果吃素的朋友，建議蘿蔔皮切絲可改炒五香豆乾。

蔬果咖哩雞

　　我之所以選用雞胸肉不用排骨，是因為雞胸肉是最低脂，卡路里比較低，熱量也比較低。

－材料－

雞胸 1 個、鮮山藥 1 斤、蘋果 2 個、香蕉 2 條、洋蔥 1 個、胡蘿蔔 1 條、咖哩塊（依個人喜愛的味道選擇辣或微辣或甜）。

－作法－

- 雞胸肉先用水稍微燙煮去血水再切小塊備用。
- 新鮮山藥，先用水稍微燙煮一下，皮刮掉後切塊；蘋果、香蕉、洋蔥、胡蘿蔔洗淨切塊。
- 把山藥、蘋果、香蕉、洋蔥、胡蘿蔔先一起放入內鍋，加水淹過食材即可，外鍋加水 2 杯先燉，直到山藥軟爛，所有食材味道都出來。

● 因爲雞胸肉丁不能熬太久，最後肉丁入鍋後再把咖哩塊放進去，稍微攪拌一下，外鍋加水三分之一杯，煮至開關跳起即可。

第四章

樂齡餐輕鬆做

有滋有味的好粥品

在袁枚的《隨園食單》中記載：「見水不見米，非粥也；見米不見水，非粥也。必使水米融洽，柔膩如一，而後謂之粥。」清代著名醫家王士雄也曾說：「粥，為天下第一補物。」中醫學有「年過半百而陰氣自半」的說法，意思是說人歲數大了，會有不同程度存在腎精不足的問題，常喝粥可以補益腎精；當空腹喝粥時，可加入一點點的鹽，會有引粥入腎經的作用，達到延年益壽的效果。

吃粥不僅可以滋養脾胃助消化，對老人家來說，還能補充水分避免血液黏稠、有效防止便祕。特別是天冷時，早餐喝碗熱粥，不但可以幫助保暖、增加身體禦寒能力，也能預防感冒。老人家飲食很簡單，粥好消化變化又多，大家耳熟能詳的就有芋頭粥、地瓜粥、南瓜粥……都是色澤漂亮、營養兼俱的清淡粥品，當作早餐都是很好的。

　　尤其是八寶粥，名義上要湊滿八樣原料，但也不拘泥，可以四五樣或十幾樣都可以，一般多用蓮子、銀杏、花生、紅棗、松子加上薑、桂圓等摻入一起煮，有溫暖手足、滋補身體的功效。廣東粥一向都把米煮爛到水米交融，使粥變得綿滑，台灣民間煮粥，則是「清粥」，米湯米粒分明，總覺得熬鍋濃稠的粥，是耗時又浪費瓦斯的事。而我所建議做的粥品，多屬於濃稠的「粥」、而不是「稀飯」。

　　「稀飯」是生米或飯加水煮成湯狀，米湯、米粒分明，對胃腸功能不佳、易有胃酸過多的朋友不適合吃。

　　米呈現整顆狀粒時，反會增加胃酸分泌量不易消化，因為分解米澱粉的酵素，在口腔的口水，胃液中反而沒有。所以熬粥必使「水米融合如一」，這樣的粥品，才會成為滋補之物。

補脾健胃四神（菜飯）粥

我常建議老人家吃吃四神菜飯或熬成粥，作法簡單，營養又夠，四神湯人人皆知，可請中藥房幫忙，把四神的芡實、蓮子、淮山（山藥）、薏仁、茯苓磨成粉，裝入瓶中，這對腸胃不好的老人是非常好的食補。然後米洗好的時候，照一般煮飯之步驟，不論習慣吃什麼米、習慣加多少水，最後再加一湯匙的四神粉攪拌即可放入鍋中煮。

為了提味，我會建議切點臘肉或臘腸的小丁；菜的部分，夏天我喜歡用的是切碎的雪裡紅，要切很碎，然後燙一下再加入飯中拌勻。天涼的話，則用雪裡紅去炒切小丁的五香豆乾。如果老人家有貧血現象，要補血，可換選菠菜，經汆燙後擠壓除水、再切成小段，最後和煮好的飯一同攪拌，便成為色香味俱全的可口菜飯。

—材料—

四神粉、臘肉或臘腸、雪裡紅、五香豆乾、6-8 顆紅

棗。

－作法－

- 米洗淨後，打好的四神粉，加兩湯匙進去攪一攪，讓每一顆米上面通通都沾上四神粉。
- 臘肉或臘腸切成丁，鋪在米上面，加紅棗。
- 放進內鍋連飯一起直接煮。
- 雪裡紅洗淨切碎，五香豆乾切丁一起炒，加一點點的醬油調味。
- 飯煮好後，拌入雪裡紅或炒五香豆乾丁，就是好吃的蔬菜拌飯。

相思大棗粥

　　紅豆為高營養穀類，營養素含蛋白質、醣類、脂肪、膳食纖維、維生素 B 群、維生素 E、鉀、鈣、鐵、磷、鋅等營養素。尤其是高量鐵質及豐富維他命 B1，可以防止皮下脂肪的囤積，食用後不但不容易發胖，還有益健康。

　　紅棗補氣、養血、有養血安神、緩和藥性的功能。營養成分含蛋白質、脂肪、醣類、有機酸、維生素 A、維生素 C、微量鈣、多種氨基酸等，有保護肝臟，增強體力的作用。

　　紅豆是比較難熟的，如果是買屏東的紅豆，熟得很快又香氣十足，建議把紅豆洗淨後，最好前一晚洗，浸泡一晚隔天早上煮，如果是夏天，就要放在冰箱，不然會發酵壞掉。

－材料－

紅豆半斤、紅棗 10 顆、有機米 1 杯、冰糖適量。

－作法－

● 紅豆先放在電鍋裡燉爛。
● 米洗乾淨，再把紅豆、紅棗一起再放到內鍋裡，加
　水 6-10 杯。
● 外鍋加水 2-3 杯，煮至開關跳起，再依個人口味加
　入冰糖調味。

相思大棗粥別和紅茶、咖啡同時食用，以避免阻礙鐵
質的吸收。

溫中健脾山藥養生粥

　　排骨補中益氣；大棗補脾、養血安神；薏仁利水滲濕；枸杞清肝明目，富含維他命 A，並具調味之功效；蓮子健脾止渴，養心益腎；山藥黏液質中，含有醣蛋白質，有多達十六種之氨基酸，具有消化酵素，所以新鮮山藥能滋補身體，幫助消化。

　　這道山藥養生粥溫和爽口，適合大部分體質及年齡層食用，食材在經過熬煮後，非但香甜可口，且使養分易於吸收。山藥能幫助消化，因此在吃完此食膳後，較不易有積食的消化不良之不舒服發生。

－材料－

糙米一 1 杯，排骨半斤，蓮子 60 克，新鮮山藥 1 斤，薏仁 60 克，枸杞 10 克，大棗 20 克。

－作法－

- 蓮子以清水洗淨，放入煮沸之水中 1 分鐘再撈出放入加蓋之玻璃保鮮盒中溫潤待用。
- 米洗好備用，薏仁浸泡半個小時，大棗洗淨。
- 將以上材料放入電鍋，內鍋加 2 杯水，外鍋加半杯水，煮至開關跳起，略冷後方可打開鍋蓋，若不夠軟爛可再加半杯水再蒸至開關跳起，略冷後方可打開鍋蓋，即爲「蓮子薏仁飯」。
- 排骨汆燙後加水煮成排骨湯，再於湯中放入山藥，以大火煮 5 分鐘後，再以中火煮 10-15 分鐘，最後熄火燜煮 5 分鐘，讓排骨爛熟。
- 將煮好之蓮子薏仁飯，加入山藥排骨湯中。
- 繼續熬煮 5-10 分鐘後，放入大棗煮 5 分鐘，讓大棗入味，最後起鍋撒上枸杞，並加少許鹽巴調味。

小叮嚀

薏仁

　　台灣本地出產的薏仁品質就很好，大薏仁指的是糯薏仁，紅薏仁則是保留了外殼的薄膜。

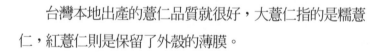

氣血雙補安神粥

　　茯神和茯苓相同，除補脾利水外，具有較強之鎮靜、安神作用，茯神寄生於松樹，配合五味子斂肺滋腎，可以有生津斂汗的效果。

　　一般來說發汗過多，身體疲倦，元氣缺失時，除五味子外，可加補氣的黨參，常用於神經衰弱，過度疲勞而失眠；尤其是耳鳴、眩暈換酸棗仁相配合，可減輕症狀。

－材料－

酸棗仁30克、茯神15克、黨參30克、五味子15克、桂圓肉15克、糯米半杯、冰糖適量。

－作法－

● 酸棗仁洗淨，用毛巾吸乾，放砧板上用刀背壓碎，和茯神、黨參、五味子一併放入電鍋之內鍋中加水6杯，外鍋加水半杯煮至開關跳起，紗布過濾取高

濃汁。

● 米洗淨泡於少量清水中一小時，再加入已熬煮的濃
　汁、桂圓肉煮至成粥，加適量冰糖即可食用。

—— \\\\\ 小叮嚀 \\\\\

酸棗仁

　　用於心悸失眠、體虛多汗；產自河北的爲佳，產於緬甸效果差。枳俱子與酸棗仁類似，價格差距大，不肖商人會以枳俱子混充酸棗仁。

小叮嚀

茯神

　　多已切成方形的小塊狀，質堅實，具粉質，切斷的松根呈棕黃色，表面有圈狀年輪的紋理。

—— 小叮嚀 ——

五味子

五味子皮肉甘酸，核中辛苦，都有鹹味，故有五味子之名。具生津斂汗，寧心安神作用；以產自東北的北五味子為佳。

塑身黃耆冬瓜粥

黃耆補氣，冬瓜及冬瓜籽利水滲濕，稻米補中益氣，配合滋陰明目的枸杞，既美觀又增加口味，這道粥品具有利尿、補氣、養顏美容的作用。

─材料─

黃耆 40 公克、乾冬瓜籽 10 公克、新鮮帶皮冬瓜 300 公克、枸杞 10 公克、良質米 1 杯、冰糖適量。

─作法─

● 冬瓜洗淨削皮，取籽，切成小丁待用，米洗淨泡於電鍋內鍋清水中。

● 黃耆及冬瓜籽、冬瓜皮加水 4 杯，放入電鍋內鍋，於電鍋外鍋加水半杯，煮至開關跳起。

● 加入枸杞及適量冰糖調勻，放入燜燒鍋中保溫，可當正餐亦可當點心。

潤腸安神粥

柏子仁味甘、性平，含有脂肪油，具有寧心安神、潤腸通便、止汗之寧心安神作用，尤其是血虛不眠配合熟地黃更相得益彰。老人或虛弱體質的朋友，為增加補性可酌加肉蓯蓉。

－材料－

熟地黃 20 克、里脊肉 80 克、柏子仁 10 克、酸棗仁 5 克、香菇 5 朵、蓬萊米半杯。

－作法－

● 熟地黃切細，加溫水一杯浸泡軟後，放入果汁機打碎均勻待用。

● 柏子仁及酸棗仁洗淨，用毛巾吸乾，可用咖啡研磨機打成粉，或加水放入果汁機瞬間打碎，烹飪時需再煮沸一次才可食用。

- 香菇洗淨加少量水潤軟後，切絲，里脊肉切絲，加少量醬油、太白粉、香麻油拌均待用。
- 米洗淨加入熟地黃汁液，加水 6 杯，煮成粥後加入香菇、肉絲攪拌加熱，至肉熟，再加入柏子仁、酸棗仁粉末拌勻，即為一道爽口的潤腸安神粥。

熟地黃

　　為地黃的塊根經九蒸九曬加工炮製而成，因有加工蒸過，藥性由微寒轉微溫，補益性增強，特別滋陰補血。

小叮嚀

柏子仁

　　老年血少津虧，容易腸燥便祕，柏子仁有潤腸通便的作用。買回來先置水中撈過，因為難免會有碎石子混在其中。

- 對於容易動悸、便祕的老年人，可將熟地黃改用肉蓯蓉 15 克、熟地黃 15 克，作法一樣是切細，加溫水一杯浸泡軟後，放入果汁機打碎均勻待用。
- 這道膳食具有通便、安神作用，下痢者謹慎使用。

氣血雙補安神粥

　　黃精具有補益、填精髓強筋骨的傳統療效；生地黃補血、滋陰清熱；麥冬滋陰生津；麥冬抽出液具有提升造血功能；配合枸杞子的滋陰明目，補腎護肝；米可補中益氣。氣血雙補安神粥，適合作為早餐或點心，對更年期婦女朋友來說，補氣血、清熱效果都很好。

－材料－

黃精30克、枸杞15克、生地黃15克、麥門冬20克、蓬來米1杯、尾冬骨（無油）250克。

－作法－

● 米洗淨，泡於清水中，黃精、生地切成小片。
● 麥門冬（須去芯）洗淨，放置20分鐘，使整顆麥冬潤軟後，切成小塊待用。
● 尾冬骨切小塊放入沸水中，汆燙除去腥待用。

● 將所有食材加水 6-8 杯，放入電鍋中，外鍋中加水
　一杯煮至開關跳起。食用前加枸杞拌勻，即可上桌
　食用。

小叮嚀

生地

生地爲地黃的塊跟，採收後洗淨直接乾燥的藥材，具有滋陰作用；熟地黃則是生地黃經九蒸九煮九曬而成，具補血作用。

小叮嚀

黃精

　　藥材以肥潤爲佳，有補中益氣、滋陰潤肺之效。一般
處方中寫的黃精，是指熟黃精，又稱制黃精；是淨黃精潤
軟後，反覆蒸兩三次曬乾切片而成的。

補氣固胃山藥參苓粥

　　黨參可補氣和提升造血功能，茯苓補脾利水，大棗對補血補脾有相輔作用，新鮮山藥，則兼具補脾健胃。這道山藥參苓粥，是氣血雙補利水消腫的最佳膳食。

－材料－

黨參40克、茯苓粉20克、大棗10粒、新鮮山藥300克、良質米一杯、冰糖適量。

－作法－

● 米洗淨，泡於2杯清水中。

● 黨參加水8杯放入電鍋中，外鍋加水半杯，煮至開關跳起，趁熱濾除渣，湯汁待用。

● 黨參湯汁與米煮成粥後，再加入茯苓粉及洗淨、除籽、切小碎塊的大棗，新鮮山藥削皮，切成小丁加入一起攪拌煮沸。

● 加入適量冰糖，依各人習慣調甜度，即可當點心或
　正餐食用。

薏仁茯苓芍藥糙米粥

芍藥、甘草是傳統中藥的止痛名藥，尤其是對平滑肌肉有鬆弛作用。已有許多研究報告，我也從研究證實，芍藥、甘草對腸胃有很好的止痛作用。

－材料－

薏仁 100 克、甘草 3 克、芍藥 10 克、茯苓 20 克、糙米四分之一杯

－作法－

- 芍藥、甘草、用 4-6 杯的水去熬成高湯。
- 薏仁、茯苓打成粉。（若喜歡有薏仁的口感在，可不打成粉）。所有食材放入內鍋，外鍋加 2 杯水。
- 薏仁若是顆狀去煮，一定要爛，如果不夠爛，再加半杯水，按下開關，煮至開關跳起；外鍋加水多少，可視個人對薏仁的口感調整。

胚營養價值
完全被保存的小米

　　小米穀粒在碾製過程中，胚的營養價值能完全被保存，富含維生素 B、E、鈣、鐵、硒等微量元素、蛋白質與礦物元素等均高於其他穀物。小米有高達 8.6% 的膳食纖維，僅低於燕麥接近糙米，對心腦血管疾病、皮膚病等文明病的預防有幫助。原名粟的小米，味甘、鹹、性微寒，健脾開胃能消食；品質以身乾、粒大飽滿、無雜質爲佳。

　　能調養食積腹滿、食慾不佳、胃熱、口渴、小便不利、反胃、熱痢的小米，主成分含碳水化合物 77%、蛋白質 9.7%、脂肪油 1.7%、灰分 1.4%。小米主產於大陸北方，台灣各高山原住民部落均廣泛種植，除一般烹煮做爲主食用外，因小米具有清熱解毒、補脾腎、利腸胃，也可作爲「洗瘡劑」；原住民各部落朋友，更是常拿來作爲釀製小米酒的原料。

小米養生藥膳

　　這道膳食中，茯苓補脾提升免疫，利水滲濕，薏仁利尿防癌，配合黃耆補氣，桂圓肉補血，山藥健胃，蓮子收斂，小米健脾、清熱解毒，枸杞滋陰明目，是水性肥胖的人，減肥瘦身、補氣補血的養生補品。

－材料－

小米兩杯、黃耆 30 克、桂圓肉 30 克、枸杞 30 克、茯苓粉 15 克、薏仁粉 15 克、鮮蓮子 2 兩、鮮山藥半斤。

－作法－

- 黃耆、桂圓肉加水 8 杯，放入電鍋內鍋，外鍋加水 1 杯，煮至開關跳起即為黃耆高湯，待冷，濾去渣，待用。
- 小米洗淨，浸泡於清水中。

- 鮮蓮子去芯洗淨，浸泡於清水中；薏仁洗淨浸泡於清水中。
- 山藥削去外皮，洗淨切成丁；桂圓肉切成小碎塊待用。
- 薏仁和小米加黃耆高湯放入電鍋中，外鍋加一杯水，煮到開關跳起，薏仁熟爛。
- 取出電鍋中食材，放置於瓦斯爐上分別加入桂圓肉丁、鮮蓮子，煮熟後，加入茯苓粉攪拌均勻，再加入山藥煮熟後，放入枸杞子，攪拌後加蓋燜十分鐘後，即可上桌食用。

小米什錦菇鍋

一般吃火鍋較容易上火，造成胃部負擔而消化不良，小米什錦菇鍋的特色，是選用小米的清熱消渴，和蕃茄汁含有茄紅素相配合，是不渴不燥又能幫助消化的好湯底。

菇類含有豐富之多醣體，高麗菜含有治療胃潰瘍的Cabbagin可保護胃，茼蒿含有豐富之維他命C、礦物質。沾料中的鳳梨酵素配合大蒜的抗菌，都是對免疫調節有所幫助的。若想要淡口味，則建議使用消食退火、消渴的白蘿蔔泥做沾醬。

－材料－

小米1杯、蕃茄汁1瓶（350ml）、高山高麗菜、山茼蒿、甜玉米、胡蘿蔔、雞胸肉片（熱量最少）、金針、黑木耳、白木耳、香菇、猴頭菇、杏鮑菇、秀珍菇、草菇、洋菇、豆腐、醬油、香麻油、蔥半斤、大蒜、鳳梨。

—作法—

- 小米一杯洗淨，加入水，用果汁機打成漿。
- 鍋中加水 6 杯煮沸後，徐徐加入小米漿，煮成米漿狀，加入蕃茄汁混勻煮沸後，放入燜燒鍋中作爲高湯待用。
- 蔬菜洗淨，用手撕成片，蔥切段，玉米切成塊，胡蘿蔔切塊。
- 金針洗淨，打結較脆香甜。
- 黑木耳洗、白木耳洗淨，可撈起待用。
- 各種菇類洗淨待用。
- 豆腐切塊、肉切片。
- 將食材放入火鍋中煮。

2 種沾醬調配建議：

- 旺蒜醬

  鳳梨 1/4（四分之一）個＋大蒜 1 兩＋醬油 1 杯＋

冰塊 1 杯用果汁機打成泥：

(1) 作為火鍋沾醬時可取 1 匙，加香麻油及蔥花。

(2) 可作為蒜泥白肉的沾醬，十分可口。

(3) 若作為即席烤肉醬，因旺蒜醬含鳳梨酵素只要浸泡 5-10 分鐘即可烤肉且肉香潤滑。

● 好彩醬

使用有好彩頭之稱的蘿蔔削皮，磨成泥，加入醬油、香麻油及蔥花。

小米山藥南瓜奶油濃湯

　　黃耆補氣，具有吞噬細菌功能，配合補脾大棗更香醇增加食慾，山藥幫助消化，加入富含豐富維他命 A 高纖的南瓜，是一道十分可口養生的南瓜奶油濃湯。

－材料－

南瓜 2 斤、鮮山藥半斤、小米半杯、鮮奶 1 瓶、奶油 2 塊、洋蔥 1 個、黃耆 30 克、紅棗 20 粒、雞骨 1 副。

－作法－

● 南瓜洗淨削去外皮，山藥洗淨削去外皮切塊後，放入電鍋中蒸熟爛。

● 黃耆和洗淨去籽的紅棗一併放入電鍋，內鍋加水 8 杯，外鍋加 1 杯水，煮至開關跳起濾去渣，即為黃耆補氣高湯。

● 洋蔥洗淨去外皮，切成丁放入熱鍋中和奶油一起炒

成金黃色，切勿炒焦；加入黃耆高湯中，煮後再撈
去渣，待用。

- 小米洗淨用果汁機打成漿。
- 煮好的山藥南瓜加入些許黃耆高湯，用果汁機打成
  漿。
- 剩餘的黃耆高湯煮沸，加入山藥南瓜漿，煮均勻後
  加入小米漿，調至適當之黏度後，加入鮮奶拌勻煮
  沸，即可上桌食用。

綠豆小米粥

　　綠豆具有清熱解毒作用，主要部位在綠色外果皮，因此要使用帶有外果皮的綠豆。小米也具有除熱解毒、健胃和胃功用，對於因工作壓力，心煩躁熱，三餐不繼，無法正常吃三餐而造成脾胃虛弱、消化不良、胃熱、口臭的人會有所改善。麥冬則具有滋陰生津，補血的作用。

－材料－

小米一杯、綠豆一杯，麥冬 20 克、冰糖適量。

－作法－

● 麥冬洗淨，去芯，加水 4 杯放入電鍋中，外鍋加半杯水煮至開關跳起，待用。
● 小米洗淨加水 3 杯，放入電鍋中，外鍋加水半杯，煮至開關跳起，待用。
● 綠豆洗淨，加水 3 杯，同上作法煮熟。

●將小米、綠豆和麥冬汁放入大鍋中攪拌均勻後煮
　沸，再加入適量之冰糖，即可食用。

　　綠豆小米粥，冬天吃熱的，夏天吃涼的，均十分清爽
可口，且老少咸宜。

五色豆小米粥

　　紫米就是黑糯米，有豐富的碳水化合物，能補中益氣健脾養胃、但因較不易消化，老人家或養病中的人不宜多食。薏仁富含維生素、膳食纖維素及油脂，現代醫藥研究證實與降低血脂有關。

　　中醫認為黑豆可解藥品之毒，黑豆皮的天冬素可促進體內的新陳代謝、預防呼吸系統疾病。黑豆中的卵磷脂及多種酵素，可淨化血液、消除浮腫、改善體型；營養成分高的黑豆，富含植物性蛋白、維生素 A、B、C 等，國人常製作成各種食品，例如黑豆漿、泡黑豆酒及蜜製黑豆等等。

－材料－

　　紅扁豆（台灣俗稱作白肉豆）120 克，薏仁、黃豆、黑豆各 30 克、紫米、小米，各半杯。

－作法－

- 食材洗淨泡水 3 小時。
- 素高湯（可依個人喜好的蔬食先去熬湯底，如洋蔥、馬鈴薯、紅蘿蔔、芹菜、高麗菜、菇類……）加水淹過材料，放入電鍋中，外鍋加水 2 杯煮至開關跳起，待冷後放入果汁機打成泥待用。
- 將洗好食材加入素高湯混和均勻，再放入電鍋中，外鍋加 2 杯水煮至開關跳起即可食用。(若需要更爛軟可再加一杯水煮至開關跳起)

自古以來就有用黑豆保健養生的傳統，但黑豆不易消化，不經煮熟，不容易被人體所吸收。

黑豆的蛋白質含量高達 36%-40%，相當於肉類含量的 2 倍、雞蛋的 3 倍、牛奶的 12 倍；黑豆含 18 種氨基酸，主要成分含鈣、磷、鐵、銅、鎂、維生素 E 及 B 群、蛋白質、卵磷脂等，特別是人體必需的 8 種氨基酸含量，

較美國 FDA 規定的高級蛋白質標準還高。但因普林高，
痛風患者應控制食用量。

止渴化痰粥

－材料－

百合 30 克、麥門冬 10 克、天冬 5 克、沙參 5 克、陳皮 3 克、小米 1 杯、冰糖適量。

－作法－

● 百合、麥門冬、天冬、沙參、陳皮先熬湯，加水 6-8 杯。

● 小米洗淨，倒入藥材高湯一起放入內鍋裡。

● 外鍋放 2-3 杯水，煮至開關跳起。如果覺得粥太濃，再加水用爐火大滾一下比較快。

————— \\\\\\ 小叮嚀 \\\\\\

百合

　　百合含有豐富的蛋白質、脂肪，具有潤肺、止咳、寧心安神作用，特別是對乾咳慢性咳嗽，或有餘熱咳嗽之治療十分有助益。因為百合具有利尿、清熱、鎮靜作用，因此也有清心安神作用。

　　市售百合大都有燻硫黃，味道會帶酸，色似白蠟、硬

而稍脆、容易折斷，以瓣勻肉厚爲佳。因此使用前先放入
鍋中清炒，再放入沸水冲汆燙後，撈起放入冷水中冲洗，
至無硫黃味，方可使用。

—— \\\\ 小叮嚀 \\\\

天門冬

　　天門冬塊是用塊根，養陰潤燥，清火，生津；表面呈黃色漸層到淡黃色，半透明，光滑或具深淺不等的縱紋，質硬或柔潤，有黏性，中心為黃白色澤。

我最推薦的
老人四季時蔬、家常菜

　　愛地球、做環保，備受矚目的低碳飲食，指的就是在食物的整個生命週期中，盡量排放最少的溫室氣體。選擇低碳食材，以當季、當地、少加工的食材為首選，並遵守節約能源的方式來做烹調。

　　讀者朋友可依不同季節農作物生產，來做食材與食譜的挑選搭配，即便是味覺退化、食慾不好的老人家，一樣也能吃得有滋有味，營養健康兼顧。接下來我要推薦對老人家很好的幾樣蔬果，分別是白蘿蔔、冬瓜、絲瓜、馬鈴薯、蕃茄、南瓜、瓠瓜、洋蔥，讀者朋友會發現，根莖類居多。原因是根莖類或瓜類蔬菜採買容易、保存容易，而且可變換多樣菜色，對高齡族群十分方便。

白蘿蔔

當天氣開始冷了，是白蘿蔔開始好吃的時候，我說的白蘿蔔，是市場最常見體積較大台灣土產大白蘿蔔，雖然味道不是很濃郁，但或蒸或煮湯，都清爽不膩人。蘿蔔味甘，消食、下氣、利五臟，這些《本草綱目》裡都有記載，加上它是低熱量，所以對老人說是好的。

白蘿蔔蒸著吃幫助打嗝，煮著吃有利放屁，空腹喝蘿蔔湯最容易放屁，因為有些人腸阻塞、氣不通，蘿蔔可以幫助排氣、促進腸的蠕動，這點大家都知道。

吃蘿蔔不可以吃人參，因為蘿蔔比較寒涼，會降低人參的作用，寒涼會折掉人參的補性；絲瓜也是一樣的道理，不要和人參一起吃。

蘿蔔真的是「好彩頭」，富含維他命 A、B、C，有句俗話說：「冬吃蘿蔔夏吃薑，一年四季保平安。」蘿蔔皮

也不是不能吃，因為蘿蔔皮帶有辛辣味，屬芥子油的含硫成分可做成泡菜，蘿蔔葉是做雪裡紅的上選食材，營養也非常豐富，含有葉黃素類、維他命 A，葉黃素對眼睛是非常好的。我來介紹兩道極簡單、又有效改善聲音沙啞白蘿蔔飲品，讀者朋友也可自己試做看看：

● 白蘿蔔燉麥芽糖

老人家的久咳常導致聲音沙啞，可用蘿蔔燉麥芽糖。一樣把蘿蔔皮削掉、切片，放進小的燉碗或燉鍋內，然後就是一片蘿蔔，澆一層麥芽糖。麥芽糖比較硬，建議可以拿 1-2 匙的麥芽糖加點熱水攪溶後，再倒在蘿蔔片上，一層蘿蔔、一層麥芽糖、一層蘿蔔、一層麥芽糖，放進電鍋裡面蒸，外鍋的水稍微比較多一點，可以用四分之一杯的水，煮至開關跳起，吃蘿蔔喝湯，聲音沙啞就會好了。

● 蜂蜜白蘿蔔汁

蘿蔔能治扁桃腺發炎，可用新鮮蘿蔔一條削去外皮，用果汁機打成汁後，加一點蜂蜜，攪拌一下，大約是一杯的量，可以一天大概是分 3-5 次，每次隔 2-3 個小時喝一

小杯，喝之前先用甘草水漱口，然後再喝蜂蜜蘿蔔汁。

冬瓜

冬瓜營養價值高，加薑會降低寒性，鈉含量非常低，老人有時候比較會腳腫，冬瓜對水腫的病人來說，除了維他命 C，還會降低腎小結石的機率。冬瓜茶，利尿消暑是眾所周知，建議可多加進黃耆、枸杞，效果更好。

● 冬瓜黃耆枸杞茶

冬瓜一斤，洗好後連籽帶皮全部放在果汁機打碎，或把冬瓜切小塊也可以，放在電鍋裡面，加入幾片薑、黃耆 20 克、枸杞 30 粒，放水一起去燉，有枸杞的香甜提味，可不用再加糖。等電鍋開關跳起稍涼後，將湯汁過濾，是不是很簡單？

● 冬瓜炒三鮮

將冬瓜、海參、香菇、冬筍切片，加蔥、薑，用香麻油或苦茶油炒過，我會建議用苦茶油比較好；淋點香菇蠔油，裝盤時放幾片萵苣，萵苣要先燙過，鋪在下面。就是

一道色香味俱佳的美食，若想吃豐富點的配料，還可加入鯛魚片，若多加鯛魚片就要稍微勾芡。可是勾芡我不會用太白粉，我會用做玉露打出來的米漿。

老人家若覺得還要炒過太麻煩，可將所有材料一起先下去煮，滾後加蠔油，最後再把鯛魚放下去，馬上勾芡，當把所有食材撈起來，鍋底還有一些湯汁，正好燙萵苣鋪底。盛盤後滴點香麻油，再撒點香菜在上面即可。

絲瓜

絲瓜通經活絡，這對老人非常好！要買沒有成熟的，就是要買摸起來比較軟一點的。絲瓜可以養顏美容外，還可以抗病毒、鎮靜安神，這是我推薦絲瓜的用意。接下來的絲瓜家常菜，即使老人家自己動手做一點都不難。

● 蛤蜊絲瓜湯

這個很簡單，絲瓜去皮，切了絲煮湯，拍一點薑或是蒜頭一起下鍋，水大滾後放蛤蜊，蛤蜊煮開口後放點鹽調味即可。如果加麵線的話，因為麵線本身就有鹹味，所以可以不用再放鹽調味，否則會太鹹反而走味。

功夫一點的作法：

先用雞骨架子、黃杞熬湯，熬好湯把渣撈掉，然後把絲瓜切細絲放進去，煮滾後放點薑末、蛤蜊、麵線，要起鍋時，把橫切像小星星般的秋葵加進去，抓把枸杞攪拌一下，紅的、綠的、白的，多繽紛的一道料理。

等重量的秋葵和牛奶，含鈣量不相上下，黏滑汁液含有水溶性纖維果膠、半乳聚糖，以及阿拉伯樹膠，這些都屬於水溶性膳食纖維，可以降血壓、幫助消化，對預防大腸癌也有幫助。日本人吃秋葵，常撒一些柴魚片拿來涼拌沾哇沙米吃，也常橫切像小星星，放在味噌湯裡增加口感。只要老人家不排斥秋葵的黏滑，是不錯的蔬菜選擇。

● 虱目魚絲瓜粥

直接用剩飯加去皮切塊的絲瓜去煮稀飯，等稀飯熬好時，再把虱目魚片或虱目魚肚放下去，切點薑絲、加點枸杞，因為老人非常需要蛋白質，再加一點點蔥，撒點鹽，這道粥就非常的好吃。

●絲瓜蒸蛋

絲瓜和肉絲稍微先煮半熟，加肉絲用意在盡量不多用油，用一點米漿勾芡、少許鹽調味，再把蛋打進去一起蒸，這樣就好了，十分簡單。

馬鈴薯

老人多貧血，馬鈴薯實在是個好東西，在歐洲被稱為「大地的蘋果」。馬鈴薯可是從上古時期，便是人類最重要的糧食之一，僅次於小麥和玉米，是全球第三大重要的糧食作物。馬鈴薯營養豐富又低脂，要補血，就一定要帶皮食用。

選購時應盡量挑選表皮沒有斑點、沒有傷痕，沒有皺紋，已經發芽的馬鈴薯不宜選用。馬鈴薯皮很薄，不要去削它，要洗乾淨，補血成分都在組織裡面；有時候老人如果需要熱量，我們是建議可以加牛奶一起煮。馬鈴薯是不能生吃的，也不要炸，炸是最不好的。

馬鈴薯含有生物鹼，發芽就會產生龍葵鹼，這是大家要注意的，發芽的四周和見光處都會變成綠色，因此馬鈴薯儲藏要避光，儲存陰涼的地方，否則龍葵鹼的成分會增加。

馬鈴薯富含澱粉，所以非常適用於攪拌肉餡，或是使湯增加濃稠度。馬鈴薯含有豐富的維生素 C，可預防和治療壞血病，豐富的粗纖維，有促進腸蠕動、通便、加速膽固醇在體內代謝的作用，這也是我會建議老人家常食馬鈴薯的原因。

● **馬鈴薯燉牛肉**

主要食材是馬鈴薯、蘋果、洋蔥、牛肉。

馬鈴薯一定要帶皮蒸，蘋果帶皮切，洋蔥切細，一起用電鍋蒸，黃耆枸杞跟紅棗可先熬湯備用。馬鈴薯等蒸熟後用果汁機打，因為沒有水，就把黃杞、紅棗的水加進

去，會打出非常漂亮的紫紅色，然後再放進鍋子裡和牛肉一起煮，是很不錯的補血蔬菜濃湯。

吃素朋友，不用牛肉，只用馬鈴薯、蘋果、洋蔥打泥，加黃杞、紅棗湯去煮，也一樣營養。

● 馬鈴薯水餃

馬鈴薯先帶皮蒸好，加高麗菜、香菇、五香豆干、一點芹菜、枸杞、薑、素蠔油、一點點地瓜粉，放在果汁機裡面打成水餃餡。若要加強香氣，還可先下鍋去炒一下，再包進餃子裡。

● 燒烤馬鈴薯

把帶皮蒸好的馬鈴薯中間切開，放進炒半熟的肉末、香菇絲、干絲、洋蔥絲等，用蠔油調味，塞進馬鈴薯後，一個個分別用鋁箔紙包起來，再拿進烤箱中烤熟，也是別

有風味的燒烤馬鈴薯，偶爾吃吃也不錯。如果老人家可以接受起司，也可放進馬鈴薯餡中一起去烤。

● **馬鈴薯咖哩**

馬鈴薯、山藥，紅蘿蔔、雞胸肉，洗淨切丁，一起下去煮熟後，再略熬一下讓湯底變濃稠些，起鍋前下咖哩塊，攪拌勻即可。

蕃茄

有各種不同顏色的蕃茄，可生吃、可熟食。是口渴、食慾不振的食譜中不可或缺的。可把葡萄、蕃茄一起下去蒸，然後榨汁，只喝果汁，也非常的補血，而且降血壓、降低膽固醇。

● **蕃茄烤土豆**

土豆指的是馬鈴薯，帶皮不要切太厚，然後一層蕃茄、一層馬鈴薯，一層蕃茄、一層馬鈴薯，兩層中間加起司，鋁箔紙包好再去烤，食材簡單卻很好吃。

●茄汁扒豬排

老人最好吃里脊肉，切薄片後略做拍打，若牙齒功能還不錯的話，可用小排來替代。

蕃茄數個用果汁機打泥，自製新鮮的茄汁當然最好，要不然就買現成的茄汁來替代；加入胡蘿蔔丁、山藥丁、洋蔥，倒些水，淹過食材即可，放進電鍋蒸。茄汁與水的比例是茄汁兩份、水一份。若要講究些，不用清水，改用黃杞、紅棗熬煮出來的水。如果第一次電鍋開關跳起後，覺得不夠軟爛，可再加一杯水蒸過。

●蕃茄燉豆腐

這是再簡單不過的作法，豆腐淋茄汁放進電鍋去蒸一下，加點蠔油調味，盛盤後再撒點蔥花。

●蕃茄馬鈴薯三明治

蕃茄、小黃瓜，加點枸杞、葡萄乾，用果汁機打碎，和蒸熟打成泥的馬鈴薯泥，一起塗在麵包上，是口味清爽別緻的三明治吃法。

南瓜

南瓜可增強免疫力，防止血管動脈硬化，是極好的抗氧化物質 β- 胡蘿蔔素來源，能讓人維持敏銳思考能力，南瓜籽中富含的礦物質鋅，是促進大腦機能運作的重要物質。中醫則認爲南瓜性溫味甘，入脾、胃經；具有補中益氣、消炎止痛、解毒的功能。

● 醬燒南瓜

南瓜切塊，加薑末，用蠔油調味，稍微拌一下，然後放進烤箱烤即可。

● 健胃南瓜濃湯

南瓜、高麗菜、山藥，全部連皮連籽一起下去蒸，蒸熟了後，用果汁機打成濃湯，不要加油，上面撒點胡椒，就是這樣子保持原汁原味的濃湯來喝，對身體很好。

● 瓜瓜肉

先將南瓜對半切待用，將罐頭脆瓜、香菇、肉一起切

碎，加點大蒜末，用罐頭脆瓜的醬汁醃入味，加點地瓜粉揉搓成小丸子，放在半邊的南瓜裡，擱進電鍋去蒸，電鍋開關跳起即可。

瓠瓜

中國古時候以瓠瓜老熟乾燥的果殼作容器，叫做「葫蘆」，也作藥用。瓠瓜可以刺激身體產生干擾素，提高免疫能力，發揮抗病毒和抗腫瘤的作用。對老人而言，瓠瓜利尿消腫，用來做水餃餡、煮麵線、煮粥都很爽口。選瓜要選有短絨毛的，蒂頭越綠越好越新鮮。瓠瓜最簡單作法是煮瓠瓜百草茶。

● 瓠瓜百草茶

瓠瓜的果實 1 個，加上乾魚腥草 20 克、夏枯草 20 克，先煮沸待香氣溢出改用小火煮 5 分鐘後，再加薄荷草 10 克，然後再加半匙的冰糖調甜味；想吃原味也是可以，其實瓠瓜本身是滿甜的。

● 瓠瓜黃杞雞湯

瓠瓜 1 個削皮切丁，黃耆 10 克，枸杞 20 克，連同
氽燙過的雞肉或雞骨架，一起放進內鍋去燉，外鍋加水
1-2 杯，這湯是很清的湯品。

洋蔥

老年人比較容易常這裡痛那裡痛，生洋蔥裡面含有大
蒜素，能夠殺菌、抗菌，對老人家是很好的。生洋蔥味道
是有些刺激，烹飪後就不嗆辣，反而有清甜的味道；煮熟
了的洋蔥，會提升免疫。不管在國內或國外，洋蔥都是非
常被推薦的好食材，美國癌症研究所發現，洋蔥對胃癌的
發生率是有下降作用的，很多的實驗證實洋蔥能夠抑制癌
細胞的生長、降低血壓、預防血塊的凝結。

從治感冒到治香港腳，洋蔥都有一定的效用在。以感
冒來說，因為生吃洋蔥的辛辣可以去寒。至於治療香港
腳，利用的是洋蔥的辛辣去抗菌，用煮的再去泡是不行
的。先將洋蔥打汁，把腳泡在汁裡面，或者是切碎放在布
袋或絲襪裡，可以在香港腳的患處，敷一敷，擦一擦。

有人擔心吃完洋蔥以後會口臭，其實可用洋芫荽的汁漱口，或喝檸檬汁、蜂蜜汁，洋蔥的味道就能沖淡掉。切洋蔥的時候，不少人都會流淚，如果洋蔥先放在冰箱裡冰一下，就可以解決這個問題。下面這幾道洋蔥家常料理都很輕鬆容易做。

● 洋蔥沙拉

把洋蔥剝開以後，切成一環一環的泡在水裡，用意在降低它的刺激性，如果老人家可接受洋蔥的嗆辣就可以直接生食。在吃的時候可以淋一點白醋或是泡一下。

若是感冒的時候吃，還需要補強點維他命 C，就加一點檸檬切片，然後加一點點糖拌一拌；想吃鹹味可加點醬油，雖然入口還有一點點辛辣，但還滿好吃的。

● 洋蔥的壽喜燒 sukiyaki

將洋蔥切絲稍微炒一下，放蒟蒻一起炒，因為蒟蒻纖維質比較高，最後再依個人喜好加入牛肉、羊肉等肉類，再點加糖跟醬油，量不要太多；撒點蔥花，再拌炒一下，就很好吃了。我個人是會再撒些枸杞，一起拌一下來增加

口感和提味。

● 洋蔥紅燒豆腐

豆腐稍微先煎一下，洋蔥切絲炒香，加一些個人喜歡的菇類、再放點枸杞或剝開去核的紅棗一起拌炒，加點顏色，成品有些類似加料版的鐵板豆腐，但口感更清爽。

● 洋蔥尾冬骨湯

洋蔥切小丁，加少油脂的排骨，譬如說尾冬骨。我會用尾冬骨是因為尾巴會不停的甩動，口感是比較好的。再加幾塊玉米，玉米不會讓湯變濃濁，而且玉米味道自然清甜，紅色的話最簡單就是用胡蘿蔔切絲，最後加幾片高麗菜切絲，老人家會比較好吃好消化。

尾冬骨、玉米塊先燉好做成高湯，其餘的蔬菜加進去後，可放進電鍋一起蒸，出來的湯頭很清爽，食材顏色也漂亮。

吃素的朋友可不用尾冬骨，年紀很大的老人家，可以
將這幾樣蔬菜加山藥或馬鈴薯先煮熟，再一起放進果汁機
打成泥，對腸躁症很好。如果擔心缺少維他命 B 群，可
以加些糙米下去煮，或是直接倒玉露下去一起蒸都可以。

● 洋蔥味噌湯

洋蔥可以多一點切絲，一小塊的白蘿蔔也切絲，放進
鮭魚頭一起先下去熬，熬出洋蔥甜味後，加入切丁豆腐、
少許嫩海帶芽、味噌跟水一起調溶備用。

等湯煮大開，再把味噌水倒進去攪拌，起鍋前撒把蔥
花，因為味噌本身就有鹹味，所以完全都不要加鹽。一鍋
原汁原味的美食，會讓老人家胃口大開。

● 生洋蔥拌鮪魚罐頭

洋蔥切絲泡水後，把水擠掉洋蔥會變軟，多數老人家
比較喜歡這樣「溫和」的生洋蔥，然後就可以開罐鮪魚罐
頭拌一拌，塗土司麵包或做搭配各種口味的三明治。

鮮蔬小排護眼盅

紅蘿蔔中的 β 胡蘿蔔素，具有防癌及保眼作用，而洋蔥爲天然甜味劑外，藥理研究亦證實能防止正常細胞突變可預防癌症發生。這道膳食製作不添加任何調味劑，乃是應用食材原味調和的自然口味。

－材料－

新鮮山藥 1 斤、洋蔥 2 粒、紅蘿蔔 1 斤、蕃茄或蕃茄汁、小排骨 1 斤或雞翅膀 10 隻、綠花椰菜 1 棵。

－作法－

- 小排骨先用熱水燙過除去腥味後，放入鍋中。
- 新鮮山藥削去外皮切成 2 公分大小，浸過鹽水，再放電鍋內鍋中。
- 洋蔥去皮，對切成 8 等份，胡蘿蔔削去外皮，切成大丁（2×2 公分）。

- 加 1500cc 蕃茄汁入內鍋中。
- 將內鍋放入電鍋，加四分之三杯水，煮至開關跳起即可食用，亦可用燉鍋燉煮。
- 綠花椰菜切開洗淨，用鹽水浸泡 5 分鐘後，撈起，放入微波爐中，用強微波 3 分鐘，可放入煮好之成品中，即為一道色、香、味俱全富含有維他命 A，對保護眼睛很好的膳食。

佛手海老丸子湯

　　佛手瓜根據藥理學研究，具有利尿降壓作用，佛手瓜的利尿是促進鉀離子排泄，因此對腎臟病、高血壓及因高鉀所引起的水腫，是十分適合的藥膳。搭配黃耆利尿降壓及補氣作用，加上肉及蝦的蛋白質，味道鮮美，是一道適合高血壓患者的料理。

─材料─

黃耆10克，枸杞子20粒，佛手瓜1個，蝦仁75克，豬里脊肉75克，香荽、胡椒、太白粉、香麻油、醬油適量。

─作法─

- 黃耆加水4-6杯放入鍋中煮沸後，改用小火煮10分鐘熄火，去渣待用。
- 豬里脊洗淨，切薄片，加入香麻油、醬油及太白粉

拌勻，醃漬待用。

- 蝦仁洗淨去沙腸後，加入胡椒、鹽及太白粉拌勻，醃漬待用。

- 佛手瓜洗淨削去外皮對切，切成 0.3 公分厚薄片，待用。

- 將黃耆水高湯加入佛手瓜煮沸後，改用小火煮 5 分鐘，再改用大火煮沸，並依序加入肉片、蝦仁，待肉及蝦仁熟後，加入枸杞及洗淨切段之香菜，即可上桌食用。

菠菜豬肝湯

　　菠菜含有豐富之維他命 C、A、纖維質，特別是根部含有更豐富之鐵質，豬肝含維他命 B12，二者兼具補血作用，這道膳食僅需配合天然調味的柴魚片，因菠菜本身含有鹽分，因此只需加入少量調味即可。

－材料－

菠菜 150 公克、豬肝 100 公克、醬油、鹽、蔥、柴魚片 10 公克。

－作法－

- 菠菜挑除雜草及品質不良，將根與葉梗一起洗淨切成 3-4 公分，放於網勺中待用。
- 蔥除去蔥頭洗淨待用。
- 豬肝用水洗淨，切成薄片，放於水中浸洗 5 分鐘，用勺撈起、瀝乾，放入碗中，加少許醬油、香麻

　　油、太白粉拌勻，讓豬肝入味。

- 鍋中放 3 杯水，加入柴魚片煮沸，改用小火煮 5 分鐘讓柴魚片香味溢出，用勺撈起。

- 菠菜根部先放入鍋中煮，加入豬肝煮沸略熟；再加入菠菜葉煮沸，加入少許鹽及香麻油即可食用。

大蒜燉田雞

　　田雞含有豐富的蛋白質及少量油脂之肉類，具有清毒之作用，因此對於有皮膚疾病的人來說，是滋補藥膳。

－材料－

大蒜 2 兩、田雞 1 斤、枸杞與豆苗適量。

－作法－

- 田雞除去雜質、洗淨後，再用熱水燙過。
- 大蒜打壓破碎，和田雞一併放入容器中，再放入電鍋中，外鍋加水一杯，煮至開關跳起。
- 上桌前加入枸杞與豆苗即可。

有學問的滷汁

　　中國料理色、香、味兼具馳名國際，無論滿漢全席，或我們平常之家常小菜，都少不了要添加一些中藥材料，以增加獨特中華料理之風味。

　　一般常用的配合材料多屬香辛料，約有二、三十種，有些是粉末狀，有些用石臼搗碎後用布包後使用。一般寒冷的地方喜歡多加辛辣材料，是因為辛辣所引起強烈的刺激能適合生理之需求。

　　但夏天暑熱難當時，胃口不佳、食慾不振，需要一些香辛料相佐來刺激胃口，增加食慾，因此有時會被誤認為所有香辛料均為刺激劑，其實在早期食物儲存設備尚未發達，沒有冰箱、冷藏、冷凍櫃之時代，食物之儲存則需靠鹽、香料等醃製，方能長期保存不壞。

　　每種香料究竟有哪些作用和療效，以及是否有副作用

或毒性？少有人論及。依「藥食同源」法則，以「咖哩」為例，組成咖哩的中藥材料就有薑黃、胡椒、辣椒、生薑、芥子、肉桂、肉豆蔻、丁香、草豆蔻、茴香、大茴香（八角）、胡荽子、馬芹等。我們常吃的滷味五香粉材料有蔥、薑、辣椒、胡椒、山椒、丁香、肉桂、陳皮、八角、豆蔻、白芷、砂仁等。我一一來作介紹：

滷肉常用配方

八角 5 克，桂皮、甘草、花椒各 3 克，茴香、砂糖各 2 克，丁香、廣木香、肉豆蔻、草果各 1 克，香松、白芷、山奈各 2 克、生薑 1 塊，老酒 20cc，鹽 150 克，醬油 20cc，肉 3 公斤，加水 3 公升。

八角

在中國菜中，常少量加在魚肉類材料中，用來烹飪紅燒、滷製，常和五香等燉製厚味菜肴，是五香粉之一。

桂皮

又稱肉桂、官桂或香桂，為樟科植物天竺桂、陰香、

細葉香桂、肉桂或川桂等樹皮的通稱。是常用中藥，常作為食品香料或烹飪調料，是五香粉之一。

甘草

具溫和芳香味及甘甜味，匹配性強，用於滷包提供天然的甘甜氣味；加於肉類之中，可增加肉的甘甜味，減少味精的使用。

花椒

作為調味料，花椒果及種子可除各種肉類的腥氣；促進唾液分泌增加食慾。但體質陰虛火旺的人忌用；孕婦要慎用。

小茴香

小茴香籽作為調料的歷史悠久，在中國是用來燉肉，莖葉用於製作餃子餡，在歐洲則常用於烹調魚類。印度人除用在很多咖哩中，還把它烤香在飯後吃一小勺消口臭。

丁香

漢代稱丁香爲雞舌香，用於口含，漢朝大臣向皇帝起奏時，必須口含雞舌香除口臭。唐代時丁香從印尼進口，用於烹調和入酒、丁香除用於烹調外、還可作爲製茶、香菸、焚香的添加劑。

肉豆蔻

一般使用部分是硬種子，可以提煉精油，也可磨成粉末當成調味用的香料。

白芷

有去腥、增香的作用。

陳皮

調味上，可以除膻、增鮮，但脾胃虛寒的人少用。

草果

又稱草豆蔻，傳統中餐烹飪經常用草果的辛辣香氣來

遮蓋肉類的腥味，特別是在燉煮牛羊肉中。草果也是一些調味料的成分之一，例如五香粉、咖哩粉。

砂仁

在中國有逾一千三百年應用歷史，香氣濃郁，是下廚做菜常用的調味品之一。

薑黃

為咖哩的主要香料之一，主成分薑黃素（curcumin）具有一些醫療保健的效果，但孕婦少食。

三種家常滷汁的調配

- 桂皮、八角、甘草、草果各 10 克，丁香、花椒、沙薑各 3 克，沸騰的高湯 6-10 杯加米酒 3 杯，醬油 1 杯，冰糖 20 克。
- 丁香、茴香、花椒、桂皮、白芷、砂仁各 4 克，草果一個，蔥 20 克，生薑 7 克，醬油半杯，米酒 20cc，清雞湯 6-10 杯。
- 丁香、八角、桂皮各 20 克，水 6-10 杯，砂糖 4

克，醬油 1 杯。

最簡單的滷汁配方

● 丁香、甘草、艾葉、白芷、砂仁各 11 克，打碎裝
　於棉製袋中。
● 加雞湯 6-10 杯，醬油 1 杯，米酒 2 克燉煮。

乾隆御廚的「蘇造湯」滷汁

這蘇造湯滷汁，是有典故的：在清乾隆 45 年，皇帝
巡視南方，曾下榻揚州安瀾園陳元龍家中。陳府家廚張東
官烹煮的菜肴很受乾隆皇喜愛，之後張東官奉詔隨乾隆入
宮，深知乾隆喜愛味道厚重濃郁的食物，於是就用五花肉
加丁香、官桂、甘草、砂仁、桂皮、蔻仁、肉桂等九味香
料烹製出菜供膳。

這九味香料按照春、夏、秋、冬四季的節氣不同，人
的體質也會跟著改變，因此又依春、夏、秋、冬不同的季
節，調配出不一樣的配方；因為張東官是蘇州人，就稱他
所調配的滷汁為「蘇造湯」，這道滷肉就稱「蘇造肉」。

四季配方不同的蘇造湯滷汁

藥材 / 以公克計	春	夏	秋	冬
丁香	12	5	1	11
甘草	4	3	2	2
肉桂	10	10	15	7
陳皮	11	10	5	10
蔻仁	10	10	10	10
草果	2	1	10	5
砂仁	2	1	1	5
肉類 / 以斤計	5	5	5	5

好吃的醬料自己動手做

以沙拉醬來說，算得是老少咸宜，滿多朋友喜歡的，我做時會加上優格。有些優格酸酸甜甜的，裡面有一點點的糖分，所以根本就不用再增加糖分，有的時候為了要避免氧化，可加幾滴檸檬汁，檸檬富含維他命 C 外，是很好的抗氧化水果。現在很多老人都會吃優格，他們覺得有營養、很好消化。

優格算是牛奶製品，要是有人對牛奶過敏，就選擇豆漿，檸檬、酪梨是一定要加進去的，我會把酪梨當作一個必備，它是很好的油脂來源。酪梨一般要買綠色的、有一點褐色斑，有人會覺得褐色好像是已經不新鮮，但不是如此，酪梨一定要這樣才成熟，選酪梨一定要選擇熟軟的才對。

善用當季水果，也可做出很爽口的調味醬料，特別是

柑橘類的水果，酸橘就是那種圓圓的，金桔就是過年時大家很喜歡買來應景的，其實略帶甜味是最好的。秋天盛產的柚子，果粒可以加入沙拉醬。此外鳳梨、酪梨、洛神花、檸檬、蘋果、木瓜、柳丁、火龍果等等都不錯，我是最推薦用酪梨去做成醬料的。

洛神花打汁，要生鮮的，不是曬乾的，生鮮洛神花打成汁很漂亮，讓人胃口大開。

柳丁，我要特別介紹一下，柳丁榨汁出來，有沒有發現旁邊是不是黏黏的？那便是果膠的膠質！對吃素的朋友來說非常好，因為膠質屬於多醣類的一種；新鮮壓榨出的柳橙汁，就直接喝，不要再做多餘的添加才是。

柳丁富含維他命 C，是眾所周知，柳丁果皮切成細絲曬乾或者是磨成粉，可以做麵包、也可用來泡茶，不論是紅茶、綠茶，什麼的種類都好；我通常會加一點點柳丁

皮在裡面一起去泡，風味絕佳。柳丁搾完汁，果皮切片或
切絲，洗澡的時候還可以做柳丁的 SPA。

火鍋沾醬，蘿蔔泥

蘿蔔皮是辛辣的，可以驅寒，可是打成蘿蔔泥時是帶點甜味的，一方面可以幫助消化，一方面可以解酒。蘿蔔可以幫助消化不良的人避免食積脹滿，吃火鍋食性較熱，蘿蔔泥帶點涼性，搭配火鍋一起吃會比較舒服。

－材料－

白蘿蔔、蒜泥、金桔醬、香菜、醬油少許。

－作法－

● 蘿蔔泥磨完後，準備蒜泥醬油、金桔醬也是加一點醬油、一些香菜或者是蔥、青蒜也可以，看個人喜歡吃什麼，都可加進去調味，加點綠色香菜或蔥花、綠蒜等，會有增加色香味的效果；如果吃素，蔥蒜這些就不要加。

● 蘿蔔泥是生的，有人會加一點豆腐乳風味獨特，很

好吃。也可加點綠色香菜或蔥花、綠蒜有增加色香
味的效果。

　　蘿蔔削掉的皮另有所用，可以加一點點鹽擠掉水分後
醃一下切絲，加上小魚、一點豆豉；一些豆干絲，一起炒
一炒，可以做成一道小菜。

翡翠桔祥烤肉醬

初上市的柳丁皮為翡翠綠色，果肉略酸，此時果皮青氣味濃，烘乾即「青皮」，也可買尚未成熟的柳丁取皮來用；此時果皮油的成分多且香濃，具有破氣、理氣、化痰、去鬱的功效，尤其對壓力大又繁忙的現代人，紓解憂鬱、強化血管是十分重要的。

─材料─

翡翠香橙 4 個、大蒜可依個人喜好增減使用量、冰糖、醬油。

─作法─

● 將翡翠香橙去皮後，果肉切丁。
● 再將大蒜去皮膜後與翡翠香橙、醬油、冰糖適量及水半杯於果汁機中打勻。
● 依個人喜好調出適宜之蒜辣口味。

　　也可在這道烤肉醬中多加一味鳳梨，作法一樣，將鳳梨一起放進果汁機中打勻即可。

翡翠香橙青絲

柳丁相較於陳皮，有健胃、行氣化滯之效外，尚具有發汗、袪寒的作用；且含有豐富的維他命 P。主要的機能是增強毛細血管壁、調整其吸收能力、幫助維生素 C 維持結締組織的健康，對維生素 C 的消化吸收上是不可缺少的物質。

－材料－

翡翠香橙 10 個、蜂蜜。

－作法－

● 將翡翠香橙洗淨，剝皮後，將皮切絲備用。

● 蜂蜜 1 杯，加入適量水，攪拌均勻過濾後放入鍋中，於爐火上加熱，再加入翡翠香橙細絲用大火煮沸後，改用小火熬煮，至水分蒸發乾後，即為富含維生素 P 之翡翠香橙青絲。

　　柳丁皮具有疏肝理氣之效，對於上班族易有胸悶，呼吸不順暢，胸筋骨下按之有膨滿或略微疼痛，可以將柳丁果皮切成塊，加入適量米酒，於果汁機中攪碎，以紗布或乾淨絲襪過濾後，所濾得的汁液放置熱水中，浸至香味溢出，倒入浴缸中做 SPA，洗後不但清香，同時精神舒暢。

旺旺烤肉醬

大蒜具有可抗菌、鎮痛的作用；鳳梨含有酵素，可分解肉質纖維，兩相配合，可以說是百吃不膩的沾醬。

－材料－

大蒜半斤、鳳梨四分之一個、醬油、冰糖適量。

－作法－

- 大蒜洗淨去外膜，切成小塊。
- 加入鳳梨、醬油、冰糖，放入果汁機中攪拌成泥，即可食用。

枸杞黑芝麻醬

　　用於塗麵包的黑芝麻是要先炒熟炒香，一次用果汁機打起來，一定要封裝好。芝麻醬我會加一點枸杞，這是因為枸杞對眼睛好，枸杞一定要用果汁機打碎，葉黃素才會溶出來，且枸杞有甜味，不用再多加糖。枸杞黑芝麻醬不要煮過，因為一煮過成分就會破壞掉。

－材料－

黑芝麻 50 克、枸杞 30 克。

－作法－

- 黑芝麻加枸杞，放入果汁機裡，加四分之一杯的水一起打，要打得很細。
- 打好是紅黑色交錯稠稠的醬，有的人會加一點冰糖一起下去打，但我建議就食材原味就好，用來塗麵包、饅頭都不錯。

酪梨布丁優格沙拉醬

　　其實自己動手做沾醬並不難，善用市售的成品，加上巧思組合，不但新鮮、健康，也沒有過多的化學添加劑，這道酪梨布丁優格沙拉，加在生菜上，味道微酸、爽口又開胃。

－材料－

酪梨 1 顆、檸檬半顆、布丁 1 杯、優格 1 小瓶。

－作法－

- 檸檬半顆先搾汁，怕酸的人可用四分之一顆。
- 將酪梨、布丁、優格一起放入果汁機中打勻。
- 加入檸檬汁調勻即可。

洛神花沙拉醬

洛神花的沙拉醬會比較酸，但顏色很漂亮，比較偏粉紅色，洛神花一定要用新鮮的。

－材料－

新鮮的洛神花 300 克、養樂多 1 瓶、牛奶 1 杯、蜂蜜適量。

－作法－

- 新鮮的洛神花把籽拿掉。
- 將洛神花、養樂多、牛奶一起倒入果汁機打勻。
- 用蜂蜜慢慢去調到個人喜歡的甜度。

　　火龍果盛產時，可用火龍果替代洛神花，作法一樣，都是美味爽口的沙拉醬。

補益添髓的燉雞

　　雞肉具有溫中、益氣、補精、添髓之效。常常在演講時，會有聽眾朋友問我：「爲什麼藥膳通常和雞燉煮，而不是和鴨、豬、牛、羊等肉類同煮？」這是因爲雞肉質軟嫩，容易消化，烹調起來也比較清淡不油膩。

　　做菜燉湯，總少不了要熬高湯，熬高湯對老人家也是一個很好的營養來源。熬高湯選用的食材，我會建議大家這麼做：

　　熬高湯多半是用骨頭，以用雞架子的骨頭來熬最好，因為油脂是最少，用豬骨也可以，但須選用油脂比較少的

部位，例如尾冬骨。

　　除了骨頭以外，希望能夠加一點的皮，最好就是加一點點的雞皮或豬皮一起下去熬，熬完後再放到冰箱裡，冷凍後刮掉表層的油脂。為什麼我建議要加皮，是因為要有膠質，老人家的皮膚比較乾燥，加皮下去熬的高湯，對他們的皮膚是好的。

元氣高湯

這道元氣雞高湯色香味俱全，僅需撒點鹽調味極可，食材皆切成細絲，方便老人家消化，熬這樣一鍋湯，煮米粉、河粉、粿仔條、下麵或米苔目都很好吃。如果需要鈣質，可以加一些小魚。

－材料－

雞骨架 1 付、黃耆 20 克、香菇 3-5 朵，紅蘿蔔、白蘿蔔各 1 根、金針菇 2 包、油豆腐皮 20 克、醬油少許。

－作法－

● 雞骨架先汆燙，放入果汁機打爛，跟黃耆一起加水6-8 杯下去熬湯，可以熬出比較濃的湯汁。

● 香菇浸泡過、紅蘿蔔、白蘿蔔、金針菇、油豆腐皮洗淨細切。

● 食材全放進內鍋，倒進黃耆雞汁，外鍋加 2-3 杯
水，煮至開關跳起。涼後分裝置於冰箱，使用時起
鍋前加少許鹽和香油提味即可。

養血補筋骨土雞煲

「頭暈目眩、口乾煩躁」是貧血、血虛所引起，上年紀的老人家「腰膝痠痛」宜用補筋骨、塡精髓之杜仲、枸杞等藥材。養血補筋骨土雞煲，具有強肝、養血、滋陰補腎、補血、清熱作用，是更年期女性朋友最佳藥膳食療。

－材料－

小土雞一隻、生地黃 15 克、枸杞 20 克、杜仲 15 克、柴胡 15 克、芍藥 15 克、甘草 5 克。

－作法－

- 土雞去皮、內臟、洗淨除油後，將生地黃、枸杞放入雞腹中，用線縫合。
- 將杜仲、柴胡、芍藥、甘草一併放入內鍋中，加水淹蓋食材，加封。
- 電鍋外鍋加水 1 杯，煮至開關跳起即可食用。

黨參大棗雞

　　紅棗在《神農本草》書中列為上品，有補脾胃、調氣血、營養安神的功效；主要含有蛋白質、脂肪、鈣、磷、鐵等有效成分外，也含多醣類的黏液質，具有調節免疫作用；黨參健胃補脾，味淡易入口。因此兩者合用，對胃虛食慾不佳、消化不良、氣血不足及病後體虛的朋友，為最佳恢復體力的補虛湯品。

　－材料－

土雞 1 隻，黨參 40 克，紅棗 30 顆。

　－作法－

● 土雞去皮、油及雜質，沸水燙洗除去血水，切塊待用。

● 將土雞塊、黨參及紅棗放入電鍋中，加水 2000cc，外鍋加水四分之三杯，等開關跳起即可食用。

歸參猴菇雞

　　當歸補血、活血，人參大補元氣，配合補中益氣的放山土雞、提升免疫的猴頭菇，是冬季氣血雙補、提升免疫的理想食補。雞腹中塞入補氣的糯米，加小米是因可改善糯米的脹氣，可當主食吃的小米糯米飯，能吃得飽又不會脹氣。

－材料－

小土雞 1 隻、乾猴頭菇乾品 30 克、當歸(全歸) 2 片、參鬚 20 克、枸杞子 60 粒、蓮子 20 克、肉桂 10 克、桂圓肉 20 克、小米半杯、糯米半杯、香菇 4 朵、米酒 1 杯。

－作法－

● 雞洗淨，沸水氽燙除腥味後，待用。
● 當歸切細浸泡於米酒中，蓮子去芯洗淨泡於冷水中

待用。

- 猴頭菇洗淨，切片待用。
- 小米洗淨，糯米洗淨，混合加水一杯，浸泡30分鐘。
- 香菇洗淨切成絲，加入適量之香麻油及醬油、太白粉醃10分鐘後，放入鍋中用少許橄欖油和枸杞、香菇一起炒。
- 加入洗淨之小米、糯米、蓮子炒好後，拌入切細之桂圓肉，放入洗淨之雞腹中，用線封口，放入燉鍋中。
- 將準備好的各材料、猴頭菇、中藥材等一併放入內鍋，加水以蓋過雞爲準；外鍋加水一杯煮至開關跳起，即可食用。

黃耆大棗雞

黃耆固本斂汗，排膿補氣，不但可提升免疫，亦可促進傷口的癒合，味道又十分甘醇，配合茯苓的利水滲濕，使黃耆大棗雞湯補氣和利水腫的功效加大。若再加入可增加補脾胃、調氣血、營養安神的紅棗作藥引子，則可提升免疫功能和促進化膿皮膚傷口之癒合。

－材料－

土雞 1 隻、黃耆 30 克、紅棗 24 粒、茯苓 30 克。

－作法－

● 土雞沸水汆燙除去血水、切塊，紅棗洗淨後，去掉棗中棗核，待用。

● 雞塊放入內鍋，加入黃耆、去核紅棗及茯苓，加水淹蓋食材，外鍋加水 1 杯煮至開關跳起即可食用。

● 若要增加食慾亦可加入 2 片薑母。

補腎益精雞煲

　　菟絲子補腎益精、明目止瀉，配合補脾健胃氣的黨參，山藥可幫助消化與止瀉，蓮子收斂補中益氣，對習慣性下痢者，是止瀉最好之食療。

－材料－

土雞 1 隻、菟絲子 30 克、新鮮山藥 150 克、蓮子 30 克、茯苓 30 克、黨參 40 克、米 1 杯、紅棗 12 粒。

－作法－

● 土雞沸水氽燙除去血水，切塊待用。

● 菟絲子（用紗布包起來）、黨參、米、蓮子、茯苓洗淨、紅棗洗淨去核，放入雞塊後，加水 8 杯，放入電鍋內鍋。

● 外鍋加水 1 杯煮至開關跳起，將新鮮去皮山藥切塊放入內鍋，外鍋再加 1 杯水煮至開關跳起即可食用。

小叮嚀

菟絲子

　　顆粒要飽滿、乾燥為佳，避免買到紫蘇子混充，價差很多，作用也不同。

氣血雙補燒酒雞

　　不少人手腳冰冷在冬季十分普遍，尤其是老人家，主要乃是因為氣血不足。這道燒酒雞中加入補血的當歸、有血中氣藥之稱的川芎、促進末梢循環的桂枝，和調和補脾胃的芍藥、甘草，滋陰明目的枸杞，是寒冬中很好的滋養藥膳。

－材料－

放山土雞 1 斤左右 1 隻、當歸（全歸）2 片、黃耆30 克、芍藥 20 克、川芎 20 克、桂皮 20 克、枸杞子10 克、甘草 10 克、小米酒 2 瓶、薑 1 塊。

－作法－

● 土雞切塊，放入沸水汆燙去腥味，待用。

● 當歸、川芎泡於 1 杯量米酒中待用。

● 雞肉放入內鍋中，加入當歸、川芎、芍藥、桂枝、

　　黃耆、甘草，加入 2 瓶米酒，淹蓋雞肉，不足時再
　　加入水，放入電鍋中。

● 外鍋加水一杯，煮至開關跳起加入枸杞，外鍋再加
　　水一杯，煮至開關跳起即可。

● 食用燒酒雞時，若再加入燙煮好的麵線，則爲一道
　　冬季補血、補氣、促進血液循環的最佳食補之一。

小叮嚀

桂皮

廣西和越南的都不錯，是滷味香料的一種。

若用瓦斯爐烹飪，小心酒精起火燃燒；若無電鍋，改用電磁爐亦可。

忘憂草雞絲湯

　　金針又名忘憂草，有利尿作用，是常感煩躁的人安神很不錯的食療；因性涼，對過於躁熱所引起的痔瘡出血，有止血之作用。

　－材料－

　　金針 60 克、雞胸 1 付、鮮香菇 3 朵、蔥少許、太白粉、香麻油、醬油。

　－作法－

● 雞胸洗淨將胸骨與肉分開，胸骨用刀背壓碎，切成小塊，用沸水汆燙除去腥味後，燉煮成高湯。

● 雞胸切成薄片，加少許香麻油、醬油、太白粉攪拌均勻。香菇用鹽水洗淨，切成薄片加少許香麻油及太白粉拌勻。

● 金針乾洗淨，潤濕除去花蕾上之硬柄，打成結。

- 將雞高湯撈去雞骨，用大火煮沸，加入雞片，待雞片顏色變白，再加入金針煮沸後加鹽調味。
- 加入香菇片煮沸，滴香麻油撒蔥花，即可食用。

參竹燉雞

　　玉竹，滋陰潤肺、養胃生津，具有強心升壓作用，配合黨參，可改善心電圖上心肌虛血性病患，適合於氣、陰兩虛的朋友，是清心安神、除心熱、心煩的膳食。

－材料－

黨參 9 克、玉竹 15 克、雞里脊肉 75 克。

－作法－

● 雞里脊洗淨，沸水燙洗，加入黨參、玉竹，加水 4 杯，放入電鍋內鍋中。
● 電鍋外鍋加四分之一杯水，煮至開關跳起即可食用。

山黨蓮子雞

　　黨參，味甘，性微溫，具有補氣健胃之作用，雖與人參同具有補氣作用，但黨參補氣作用十分緩和，人參不適高血壓者使用，黨參較適宜，爲老少咸宜之補氣材料。

　　茯苓，補脾健胃，利水滲濕，爲茵類的子實體含有豐富多醣體。山藥，除具有滋養強壯功效外，尚能幫助消化，止瀉，祛痰。蓮子性平，具有清心益腎，健脾止瀉，益腎固澀，爲中藥中收斂性強壯藥。配合補中益氣之土雞，則成爲一道增加食慾補脾健胃食膳，加入紅色之枸杞，增添美味顏色外，尚有滋陰明目的效果。

－材料－

　　新鮮山藥半斤，黨參 40 克，茯苓 40 克，新鮮蓮子 80 克，土雞 1 隻，枸杞 10 克，豆苗適量。

—作法—

● 山藥洗淨後，用塑膠刀削去外皮，用鹽水略浸泡。

● 黨參和削去外皮的山藥，一起放入瓷鍋中，加水 4 杯，再放入電鍋中，外鍋加水半杯，煮至開關跳起，略冷後，濾去渣，留汁。

● 土雞去毛，除去內臟之脂肪，放入沸水中氽燙，取出用冷水沖乾淨，待用。

● 蓮子洗淨，若是用乾蓮子則最好洗淨後，放入沸水中煮沸 1 分鐘，即刻撈放入大碗中，加蓋燜 10 分鐘，即可軟化。

● 將雞放入燉鍋中，依序加入切塊的山藥、茯苓、蓮子及黨參山藥湯汁，再加入適量水須淹蓋食材，加蓋放入電鍋中，外鍋加水一杯，煮至開關跳起，上桌前加入枸杞及豆苗，則為一道色香味俱全的補氣聖品。

魚鮮美食

漁獲的選擇，我還是要再次提醒與強調：

- 選擇小型魚、當季產量多、成熟期短、容易捕撈的魚類。含 Omegα-3 最多的鮪魚，缺點是因長期在大海中生活，易吸收到重金屬及污染物；若是小型魚如鯖魚，不但經濟便宜，也含有預防老化增加智力的 Omegα-3。

- 選擇有「漁業產銷履歷管理」的海鮮，如：小管、秋刀魚等。

- 選擇濾食性或草食性管理良好、有機認證的養殖海鮮。濾食性的魚是指有很大的嘴巴，牙齒卻退化，覓食時張開嘴巴，讓海水流過鰓的過濾，把海水中浮游小生物過濾出來。草食性的魚，則是以浮游藻類、飼料爲食。如鱸魚、牡蠣、文蛤、虱目魚、吳

郭魚、草魚等。現在南台灣的養殖業已進行有機認
證，如台灣鯛、鱸魚等都是不錯的選擇。

● 減少食用遠洋魚業捕獲的大型魚類、深海魚類、珊
瑚礁魚類、幼魚及魚卵。

臺灣是海島，我們可以吃到很多新鮮的魚，魚是很好
的蛋白質來源，容易消化，而且大部分魚裡面含非常天然
的 Omegα-3 和 Omegα-3，不但對於心血管運作有幫助，
同時也會左右身體新陳代謝的正常功能。Omegα-3 中的
DHA 是神經細胞膜中非常重要的成分，主要在維持大腦
神經傳導功能的正常運作，幫助腦部細胞運送營養、清除
廢物，這些都必須有足夠的 DHA 才能做到。

像少刺的鯖魚，含有豐富的鐵質、鈣質、蛋白質、
磷、鈉、鉀、菸鹼酸及維他命 B、D，不飽和脂肪酸 EPA
和 DHA。

研究指出，鯖魚的 DHA 含量僅次於鮪魚排名第二！

鯖魚的魚脂具有降低血脂肪、膽固醇、預防心血管疾病、攝護腺癌等的功能，可以補充人體內鐵質的不足，對於老人家來說，鯖魚是最適合食用、易於補充所需營養的魚種之一。

茄汁鯖魚

－材料－

鯖魚 1 尾，或對剖開的一半；蕃茄醬、蔥、蒜頭、蠔油少許。

－作法－

A：

鯖魚稍醃過，將蔥、蒜頭、蠔油少許拌入蕃茄醬，用鋁薄紙包好放入烤箱烘烤 10 分鐘。

B：

若無烤箱，鯖魚稍醃過，將蔥、蒜頭、蠔油少許拌入蕃茄醬，淋在魚上，用鋁薄紙包好，放入電鍋去蒸至開關跳起即可。

　　用電鍋蒸魚，一定要先預熱，放的時後小心不要被燙到。外鍋的水要用熱水，因為魚一放進去不能是冷鍋，蒸出來的魚肉彈性不會好，當開關跳起來，不要再燜，最好即時吃，口味最佳的鮮美，是不等人的！

洋蔥鯖魚

－材料－

鯖魚 1 尾、洋蔥 1 顆、蔥、薑、鹽少許。

－作法－

● 鯖魚切段，成一環一環擺盤。

● 洋蔥切很細很細，撒魚身上，加蔥、薑、鹽調味。

● 外鍋加熱水 1 杯，一起放入電鍋蒸至開關跳起即可
食用。

　　老人家若不喜歡洋蔥，可用豆瓣醬取代，注意不要太
鹹，也可加入少許糖增加風味。

參苓煎溪哥魚

「溪哥仔」生長於台灣高山溪流中，是自然無污染魚類之一，也是原住民主要蛋白質食材。搭配補氣補脾的人參、茯苓、滋陰生津的麥門冬，可使煎出的溪哥魚甘醇可口。

煎炸之食物一般易上火，沾以檸檬枸杞醬，可補充豐富之維他命 C 及維他命 A。檸檬富含豐富的血管強化維他命 P，配合滋潤的蜂蜜，可理氣化鬱，化痰止咳。

－材料－

溪哥仔 12 尾、人參、麥門冬、茯苓各 5 克、檸檬 2 粒、枸杞子 10 粒、橄欖油、少許鹽、蜂蜜。

－作法－

- 溪哥仔去鱗及內臟，洗淨後，用少許鹽醃後，濾乾待用。

- 人參、麥門冬及茯苓先打成粉，再以 1：1：2 的
  比例混合均勻。
- 將溪哥仔沾滿粉，置於餐巾紙上待用。
- 油下鍋熱後，再將溪哥仔魚放入，煎成金黃色，熟
  透即可上桌食用。

推薦 2 種自製沾料：
- 檸檬枸杞沾料
  檸檬洗淨去皮搾汁，再將枸杞切碎，放入一匙檸檬
  汁之中浸泡，作為沾料。
- 蜂蜜檸檬沾醬
  檸檬皮切細，加入蜂蜜 2 匙混勻後，放入容器中置
  入內鍋，外鍋加水四分之一杯，煮至開關跳起，即
  可成為蜂蜜檸檬沾醬。

彩椒百合蝦仁

百合在中醫學使用上具有鎮靜、安神、化痰作用；杏仁止咳下氣，彩色甜椒含豐富維他命 A 可促進腸蠕動，薑可去腥，蝦仁滑潤可口；這是道具有止咳化痰鎮靜安神的膳食。

－材料－

新鮮百合（台灣百合的鱗莖）2 粒、杏仁 10 克、蝦仁 120 克、彩色甜椒紅、黃、綠各 1 個、薑、大蒜、太白粉（或用玉露取代）、橄欖油、醬油、鹽適量。

－作法－

- 鮮百合鱗莖剝開洗淨待用；杏仁去皮尖洗淨待用。
- 蝦撥殼及抽去沙腸，加入薑汁、太白粉拌勻待用。
- 彩色甜椒洗淨，切成小丁。
- 橄欖油倒入鍋中，加入薑片、蔥段、蝦仁略炒後撈

起。

● 放入鮮百合、杏仁及甜椒下鍋略炒，倒入蝦仁一起
拌炒，將醬油、鹽加入調味後，即可上桌。

黃耆燉鱸魚

傷口的癒合需攝取高蛋白食物，肉類、豆類、魚類都是主要來源。對老人家來說，魚類蛋白質較易消化，又快吸收。若有貧血時，可酌量加入一片當歸（全歸），因當歸含有豐富維他命 B12，具補血作用。

－材料－

黃耆 20 公克，鮮活鱸魚 1 尾。

－作法－

- 黃耆加水 3 杯放入電鍋中，外鍋加水半杯，待開關跳起後，去殘渣，留煎液。
- 黃耆煎液煮沸後，將洗淨、去鱗、切塊之鱸魚放入煮沸之湯汁中，待魚熟後，即可食用。

洋蔥鮭魚頭鍋

　　鮭魚頭的膠質非常高，比用切片的鮭魚身要好，可以做成像日式的料理，加一點糖和一點醬油，甜甜鹹鹹的，會讓老人家也很喜歡。

－材料－

鮭魚頭1個、洋蔥1顆、生鮮香菇6朵、大蕃茄1個、萵苣半斤、有機豆腐1盒。

－作法－

● 洋蔥、香菇、蕃茄切片。

● 先煎一下鮭魚，讓油脂跑出來。

● 鮭魚撈起，加少許鹽，利用鮭魚的油來炒香菇、洋蔥、蕃茄。

● 拿張鋁箔紙，將豆腐切塊鋪底，放入煎好的鮭魚，上層擺炒過的洋蔥、香菇、蕃茄，鋁箔紙包妥，放

入電鍋去蒸。

- 外鍋加水 1 杯，開關跳起即可。
- 裝盤前，萵苣在鹽水中燙一下鋪盤，再將鋁箔紙內菜肴放置擺盤便可上桌。

如果蕃茄很貴的時候，我建議不要用蕃茄，可以用蕃茄醬來取代也可以。

海陸雙補河粉

　　以之前提過的「元氣高湯」來做變化，加入黨參、大棗，再加上一些丁香魚的魚乾、嫩海帶芽、黑木耳切絲，一起放進電鍋內鍋去燉，若要顏色看來令人食指大動，還可放點枸杞。等開關跳起來，加入個人喜愛的河粉、米粉、麵條、米苔目，或是熬粥都可以，起鍋前撒些芹菜珠，色香味面面俱到。

　　丁香魚在台灣很容易買得到，而且對老人來講不難消化，我希望用這種簡單的烹調，讓老人家覺得自己做起來是沒問題的。

－材料－

元氣高湯、黨參 5 克、大棗 5 克、枸杞 3 克、丁香魚乾 5 克、嫩海帶芽 2 克、黑木耳 5 克、芹菜珠少許。

－作法－

- 黑木耳泡水後切絲和所有材料一起倒入元氣高湯。
- 加入個人喜愛的河粉、米粉、麵條、米苔目，或是
  熬粥都可以，起鍋前撒些芹菜珠。

鯿魚菇菇冬瓜盅

　　逛一趟市場，現在的菇的種類琳瑯滿目，菇類是高蛋白、低脂肪、富含天然維生素的食品，不僅味道鮮美且營養豐富。每百克產品中含蛋白質 13-26 克，脂肪 1.8-2.9 克、碳水化合物（醣類）60-65 克，還有維生素 A、B、B2、B12、D、C 及鈣、磷、鐵、鎂等多種礦物質，而這些物質都是人體健康所必需的。

－材料－

　　冬瓜取其如碗般的頭尾端，鯿魚少許、個人喜愛的菇類，幾種都可。

－作法－

● 乾鯿魚稍微洗一下，剝絲然後切小片。

● 冬瓜盅內瓜仁先刮下切成小丁。

● 將鯿魚、菇類、少許蒜頭，一起放進冬瓜盅，置入

內鍋；外鍋加水 2 杯，煮至開關跳起即可。

紅燒海參冬瓜盅

海參零膽固醇，在中醫來說，海參具有非常好的排毒作用。

ー材料ー

冬瓜取其如碗般的頭尾端，海參 2-3 條、香菇 3 朵、胡蘿蔔 1 根。

ー作法ー

● 海參洗淨切塊，泡過水的香菇切塊，加上蠔油、香麻油和一和。

● 冬瓜盅內瓜仁部份瓜肉先刮下切成小丁，和海參、香菇、胡蘿蔔切絲一起先炒過。

● 放進冬瓜盅，置入內鍋；外鍋加水 2 杯，煮至開關跳起即可。

山藥虱目魚肚湯

　　海洋大學水產食品科學系的吳清熊博士，曾發表報告指出，虱目魚的 EPA 和 DHA 含量比鰻魚更高，且 EPA 及 DHA 是養生保健的重點，可以降低膽固醇、預防血酸、提高腦部資質。買虱目魚肚，挑已除掉刺的對老人家比較好，虱目魚肚本身就有油，烹調時不用再加任何油，台灣盛產的虱目魚就很好了。

　─材料─

虱目魚肚 1 個、山藥 30 克、蔥、薑少許。

　─作法─

● 山藥先熬好湯。

● 湯滾後把虱目魚肚放進去，再加薑絲、蔥絲，加一點鹽提味即可上桌。

點心篇

桂棗黃耆紅豆甜湯

　　桂棗黃耆紅豆甜湯冬季趁熱食用，夏季則可放冷食用，風味絕佳。

　　現代人用腦過多，容易造成「心血不足」，其中包含了中醫所謂的「血虛」，及用精神過多的「氣虛」。加上交通之發達，各種感染疾病傳播日益加速，為了預防感染，則當首先重視非特疫性的免疫提升。

　　黃耆現代實證藥理學研究，已知具有吞噬侵入人體之細菌，預防感染病症的發生，且具有癒合傷口、生肌肉，提升自我免疫力之功效。桂圓在《神農本草經》中又名「益

智」，現代藥理研究證明桂圓有延年益壽作用，能增強血管彈性，使血管能保持良好功能。

－材料－

赤小豆(或小紅豆) 90 克、桂圓肉 30 克、紅棗 30 克、黃耆 10 克。

－作法－

- 赤小豆洗淨，放入電鍋內鍋中，加水淹蓋赤小豆 2 公分以上。
- 外鍋加水兩杯，按下開關煮至開關跳起，略放冷後打開鍋蓋，檢查赤小豆是否已煮爛；若未煮爛，可再加水半杯再煮，可以重複多次煮，直到適合個人的口感為止。
- 將紅棗洗淨，用刀切對半後，去核備用。
- 去核紅棗、桂圓、黃耆加 8 杯水，放入電鍋中，外鍋加水 1 杯煮至開關跳起，紅棗桂圓香溢出即可。
- 挑除黃耆後，即為免疫提升「棗桂湯」。
- 將棗桂湯加入赤小豆中，輕輕攪拌，再放入電鍋

中，外鍋加水半杯，煮至開關跳起。

小叮嚀

赤小豆

和藤生的紅豆不一樣，赤小豆長在樹上、祛濕效果比較好，台灣山地所產的品質就很好，中藥行便可買到。

桂圓銀耳羹

　　銀耳（白木耳）味甘、淡、性平，具有滋陰潤肺、益氣和血之功效；現代研究發現銀耳含有多醣類物質，對預防衰老有所幫助。銀耳的主要成分為 10% 植物性膠質蛋白質、70% 的碳水化合物，其中礦物質又以鈣質含量最高。過去皇帝吃燕窩來補肺增益，但時下保育成為風尚，就滋補功效而言，銀耳除含豐富的膠質外，同樣具潤肺、補肺的功能。

　　現在因為很多的銀耳都是燻過二氧化硫，我建議白木耳先在水裡洗乾淨，撈起來用沸水燙過，若還聞到有硫黃味，再多沖洗一次再燙一次，反覆幾遍，跟我們前面講到的竹笙一樣，一定要沒有味道後再把蒂頭去掉，蒂頭不能先拔，不然它的成分會溶在水裡跑掉。

　　桂圓，俗稱龍眼，知名水果外也是滋補的藥品。桂圓因為外形圓潤晶瑩，如龍的眼珠，所以被戲稱為龍眼。曬乾的龍眼即桂圓肉，有補益心脾、養血安神的功效，是一

味補血安神的重要藥物。

－材料－

銀耳 20 克、桂圓肉 20 克、冰糖適量。

－作法－

- 白木耳放在果汁機裡，加 2 杯的水稍微打一下，再倒出來，置入內鍋裡。
- 桂圓肉切小一點一起加進內鍋裡，放 6-8 杯的水，外鍋放 2 杯水，煮至開關跳起。
- 建議前一晚煮，燜到隔天早上，銀耳有點黏滑，要吃前再加一點點適度的冰糖，最好是不要加吃原味，因為桂圓已經有甜味了。

百合蓮子桂圓湯

百合、蓮子、桂圓皆具有鎮靜安神之功能。對於有口乾、尿混、煩躁、睡眠不安、心悸的人來說，是最佳的清心安神甜點。

－材料－

桂圓肉 30 克、百合 100 克、蓮子 100 克。

－作法－

- 蓮子掏除破碎，放入沸水中燙好立刻撈起放於加蓋之碗中溫潤。
- 將燙好的蓮子放入碗中加蓋燜 10 分鐘後，將每粒蓮子剝開取出蓮子芯。
- 將蓮子芯、百合、桂圓肉一併放入內鍋中，加 6-8 杯水，外鍋加水四分之三杯，煮至開關跳起。
- 加入適量冰糖即可食用。

茯苓芝麻餅

茯苓，利水滲濕，能補脾和中、寧心安神；黑芝麻含有豐富鈣、鐵、脂肪油和必需不飽和脂肪酸 83%-90%，有脂化膽固醇及去除膽固醇作用，有助於動脈硬化之防治。

─材料─

茯苓粉 100 克、糯米粉 200 克、黑芝麻 30 克、蜂蜜適量。

─作法─

● 黑芝麻除去雜質，放入鍋中炒至水乾燥，芳香溢出即可。

● 茯苓粉和糯米粉放入乾淨塑膠袋中，將袋口用手按住，上下左右搖勻後倒入不鏽鋼盤中，加適量之水，調成糊稠狀。

● 再加入黑芝麻拌勻，即可放入加少許沙拉油鍋中，以文火烙成薄餅，食用時再沾蜂蜜食用即可。

理氣活血玫瑰糕

玫瑰花散瘀活血，茯苓粉利水補脾，黃耆補氣，使利水效果加強外，山楂能分解過多的脂肪和降低膽固醇，微酸味配合理氣玫瑰香，對平日工作壓力大，坐辦公桌時間長，運動少的朋友是一道去鬱結又可瘦身的點心。

─材料─

乾玫瑰花 10 克、麵粉 250 克、糯米粉 250 克、茯苓粉 20 克、細冰糖 50 克、山楂 20 克、蛋黃 3 個、黃耆 20 克。

─作法─

● 將黃耆、山楂放入鍋中後，加 2 杯水，放入電鍋中，在外鍋加四分之一杯水，煮至開關跳起，撈去渣，湯汁加細冰糖溶解後，待用。

● 乾玫瑰花放在乾淨塑膠袋中揉碎，和茯苓粉、麵

粉、糯米粉，攪拌均勻，加入蛋黃和適量黃耆、山楂湯汁，攪拌揉成麵團狀，放入容器模型中定形，再放入內鍋中。

● 外鍋加水半杯，煮到開關跳起糕熟後，即可食用。

—— 小叮嚀 ——

山楂

　　山楂具有消積化滯，能開胃消食，特別對消肉食積滯作用更好，因而很多助消化的藥中都採用了山楂。此外山楂還能收斂止痢、有活血化瘀等功效。

百合銀耳水果丁

　　銀耳成分與燕窩相似，多半爲蛋白質，但又比燕窩好消化，燕窩吃多了會瀉肚，銀耳就沒這個問題；基於環保考量，也請以銀耳代替燕窩。銀耳潤肺，枸杞滋陰，對肺癌患者長期咳嗽，缺乏津液的人很適合。水果切丁搭配，以鳳梨丁、木瓜丁而言，具有消化酵素，可促進食慾；蘋果丁則對便祕有效。

－材料－

銀耳（白木耳）30 克、百合 20 克、枸杞子 50 粒、冰糖適量、水果丁（可依個人喜好搭配）。

－作法－

● 銀耳洗淨即刻撈起，略放數分鐘吸水膨脹，去除蒂頭加 2 杯水放入果汁機中瞬間打碎，倒入鍋中。

● 加入洗淨百合、枸杞，加適量冰糖放入電鍋中，外

鍋加半杯水蒸煮至開關跳起，略放冷。

● 最後加入依個人喜好的水果丁，如水蜜桃等，若喜歡甜食，可加適量冰糖，則為色、香、味俱全之養生甜點。

山藥銀耳水果丁

這道甜點可幫助消化，對罹患胃潰瘍、十二指腸潰瘍的人最適合不過，且老少咸宜。對於服用消炎藥物過多而引起胃腸不適，及體質虛弱的人，有恢復體力的助益。

山藥具滋養補益作用，特別適合食慾不振、易疲倦、無元氣等脾、胃虛弱的人。如果不喜歡吃山藥的黏液，可用乾燥的山藥煮水飲用，也能得到同樣功效，但對胃潰瘍的人來說，還是用鮮品效果較佳。

山藥含有澱粉，糖尿病患者可直接將山藥煮成茶水飲用，不要放糖。新鮮山藥可在陰乾之後打成粉末狀，代替地瓜粉使用，兼有補益作用，比如做成山藥泥甜點。

－材料－

山藥、白木耳 10 公克、紅棗 20 粒，冰糖、水果丁適量。

—作法—

- 白木耳洗淨即刻撈起，略放數分鐘，以便其吸水膨脹。去除蒂頭，加 2 杯水放入果汁機中打碎。再加去核紅棗，外鍋加半杯水煮至開關跳起，略放冷，再加適量冰糖。

- 山藥洗淨，用陶瓷或不鏽鋼網磨成果泥，加入甜湯中，邊倒邊攪拌，最後加入個人喜愛的水果丁，如奇異果等，則爲色、香、味俱全之養生甜點。

山藥湯圓

山藥中所含天然成分，經現代藥理研究發現含有消化酵素的黏液，有多醣體可降低血糖及提升免疫。黨參能補氣，桂圓肉補血加入紅棗當藥引，可兼具調節免疫與補氣作用。

－材料－

新鮮山藥 1 斤、蓮子 150 克、桂圓肉 20 粒、地瓜粉適量、黨參 30 克、紅棗 20 粒、檸檬半顆。

－作法－

● 山藥洗淨用塑膠刀削去外皮，浸於檸檬水中 1 分鐘，放入電鍋中，蒸熟透後取出，用不鏽鋼網壓成泥狀後，加入適量之地瓜粉，揉搓成塊，濕毛巾蓋好待用。

● 紅棗洗淨，略微刀割去核後，加入黨參、山藥外皮

和水 4 杯，放入電鍋內鍋，外鍋加水半杯，煮至開關跳起，用時去渣取汁。

- 蓮子洗淨，放入煮沸之水中燙洗；即刻撈起再放入碗中，加蓋略燜 5 分鐘溫潤後，放入電鍋中，外鍋放半杯水煮至開關跳起。

- 取出蒸爛熟透的蓮子，用不鏽鋼網壓泥後，再將切細的桂圓肉一起拌勻做成餡待用。

- 山藥搓成條狀，切塊壓平，再將蓮子桂圓餡包入揉成大湯圓。

- 將黨參大棗等湯汁煮沸，加入做好的湯圓，改用小火煮至湯圓浮起即可食用。

茶飲篇

有些老人家常會覺得喉嚨卡卡的，有時連說話都不俐落，但也不是因疾病所引起，我會建議這幾樣茶飲，讀者朋友們不妨也可以試試看：

● 澎大海＋蜂蜜

將澎大海打碎放入保溫杯中，沖入開水略冷後再加入蜂蜜即可飲用，具潤喉、防止發炎、通便作用。

● 羅漢果

將半粒或一粒打碎後，用紗布包成一小包，丟入保溫杯中沖泡後即可飲用；可進行自由基的清除。

● 甘草水

將甘草片放入保溫杯中沖泡後漱口，對於發炎的喉嚨具有溫潤的幫助。

● 麥門冬＋人參鬚

將麥門冬與人參鬚放入保溫杯中沖泡後，即可飲用，對生津補氣很好。

● 菊花茶

菊花 10 朵，放入保溫杯中沖泡後加蓋密閉，略冷後即可飲用。喜喝冰涼者，可沖開水 5 分滿，加入冰塊即可；也可加適量蜂蜜，有清肝明目的好處。

● 菊枸茶

將枸杞子 20 粒、菊花 10 朵，一起放入保溫杯中，沖入熱開水即可。

益智補氣福圓茶

　　桂圓主要作用在鎮靜、健胃及滋養；人參大補元氣，但參鬚價廉且富含人參皂苷；麥門冬具有增強造血功能，三樣同煮，氣血滋補兼顧。

－材料－

桂圓肉 15 克、麥門冬 15 克、人參鬚 5 克。

－作法－

- 人參鬚切成數段後，和桂圓肉、去芯之麥門冬，一併放入鍋中。
- 內鍋加水 4-6 杯，外鍋加水 1 杯。
- 煮至開關跳起，略冷即可濾渣，茶飲冷、熱皆宜。

風熱茶

－材料－

炒決明子10克、菊花5克、桑葉40克、車前子10克。

－作法－

- 洗淨所有藥材。
- 炒決明子及桑葉放不鏽鋼鍋中，加21杯水。
- 用中火煮20分鐘。
- 改用小火煮10分鐘。
- 熄火後放入枸杞及菊花燜一陣子。
- 用雙重紗布過濾，置於冰箱中冰冷飲用。
- 外鍋加水半杯，煮到開關跳起，即可食用。

—— \\\\\\ 小叮嚀 \\\\\\

決明子

　　有馬蹄形與扁形，一般都用馬蹄形，有清肝、明目、通便效果。炒決明爲文火炒過至微黃有香氣，用意在減低寒涼之性。

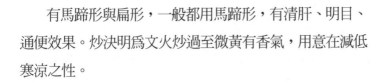

清肺止咳茶

當受風邪侵襲，感冒引起喉嚨乾燥、咳嗽、喉嚨癢，嚴重者會有發熱、惡寒。此乃病毒在體內所產生的反應，宜用宣肺化痰，配佐疏散風熱藥材，如防風、荊芥等。

連翹、山梔子、金銀花均有消炎止痛作用，而金銀花抗病毒作用配合潤肺化痰的川貝母，川貝母因味道較淡，適合小兒。貝母可分為川貝母和浙貝母。川貝母潤燥化痰適用於慢性咳嗽；浙貝母開泄肺氣、清熱散結，適用於急性咳嗽。若咳有痰時，可再加配桔梗2錢，痰會較易咳出。

－材料－

連翹3錢、山梔子3錢、金銀花3錢、川貝母3錢、適量冰糖。

－作法－

● 連翹、山梔子、金銀花加水3杯，放入電鍋內鍋，

外鍋加水 1 杯煮至開關跳起。

- 略冷，濾去渣後，加入冰糖，調至喜愛的甜味，分 3 次服用，將川貝母分 3 次加入拌勻，趁溫飲下。

小叮嚀

連翹

　　有清熱解毒之效，脾胃虛寒者不宜食用。近年來由於抗生素之濫用，常會對各種抗生素產生抗藥性，現代醫學研究發現，連翹為最好之天然抗生素。

小叮嚀

山梔子

　　有山梔與水梔之分，山梔是圓的療效比較好、水梔是長的；山梔子也是平常我們夏天常吃的黃色粉粿的顏色來源，可清涼保肝。但梔子苦寒小心傷胃，脾虛、便溏的人不宜食用。

小叮嚀

金銀花

　　產地以河南爲佳。以乾燥、花蕾多肥嫩、沒葉梗、氣
清香色黃白爲佳。

小叮嚀

川貝母

　　青康藏高原的川貝售價高，切開面白、硬而脆、富粉性為佳，市售有的會以浙貝來取代，效果會有差。

桑菊茶

是高血壓、糖尿病人的最佳飲料。

作藥用的桑葉以老而經霜者為佳，台灣冬天採收的桑葉，比大陸來得嫩，選葉大而肥的為首選。冬季經霜採製的「霜桑葉」或「冬桑葉」採收後，揀去雜質，除去梗，陰乾或間接曬乾後用手揉碎，裝於塑膠袋中密封。

泡茶時取出用開水沖泡或用文火煎煮，即為桑葉茶。能治牙痛、咽喉紅腫疼痛；可以常服用，因含有多種氨基酸及促進蛋白質的合成。

－材料－

新鮮小葉桑葉 60 片或曬乾桑葉 20 克，菊花 10 克。

－作法－

● 洗淨桑葉加水 4-6 杯煮沸後，再加入菊花煮沸。
● 即刻熄火燜 5 分鐘，即可飲用。

〜〜〜 小叮嚀 〜〜〜

桑葉

　　桑葉味甘苦、性寒，能散風熱，清肝明目，傳統中醫
學用來主治感冒的發燒、頭痛、目赤、口渴、咳嗽。根據
藥理研究新鮮桑葉煎劑對金黃葡萄球菌、大腸桿菌、綠膿
桿菌等具有抗菌作用。對高血壓病態動物會使血糖下降，
能促進人體蛋白質合成，排除體內膽固醇及降低血脂。

黃耆黨參冬瓜茶

－材料－

冬瓜 1 斤、黨參 20 克、黃耆 20 克。

－作法－

- 冬瓜洗淨切塊，備用。
- 將冬瓜放入電鍋內鍋中。
- 加水至半滿後，再放入黃耆及黨參。
- 外鍋加 1 杯水，煮至開關跳起。

山楂黃耆脫脂茶

－材料－

黃耆 100 克、橘皮 20 克、山楂 15-18 片。

－作法－

- 將陳皮、山楂及黃耆放入電鍋內鍋中。
- 加入 18 杯水後，外鍋加 1 杯水，煮至開關跳起。

　　山楂用量視每個人腸胃不同的情況，可再作增減，若覺得太酸或喜歡更酸口味，都可以再作加減。

黃耆菊杞茶

—材料—

黃耆 10 兩、枸杞 10 克、菊花 9 克、冰糖適量。

—作法—

- 將所有藥材洗淨。
- 先加入黃耆及 18 杯水放至瓦斯爐上。
- 以中火煮滾後，改用小火燉煮 5-10 分鐘。
- 熄火後，加入菊花及枸杞燜。
- 最後以適量冰糖調味即可飲用。

\\\\\ 小叮嚀 \\\\\

麥芽

是用新鮮麥子所發的芽來當藥材，含有豐富的澱粉分解攜，可幫助分解米食、澱粉類食物，能行氣消食；但哺乳中的媽媽禁用，因為麥芽會退奶。

翡翠消脂茶

翡翠消脂茶中，山楂可以分解脂肪，降低膽固醇；麥芽可以分解米麵之食；黃耆補氣，青皮破氣化滯，對消化不良引起的上腹滿最適宜，同時亦能降血脂。

—材料—

青皮 6 克、山楂 5 克、麥芽 5 克、黃耆 10 克、桑葉 10 克、冰糖或果寡糖適量。

—作法—

● 青皮、山楂、黃耆、桑葉先略沖洗後加入麥芽，置入電鍋內鍋。
● 內鍋加 4-6 杯水，外鍋加水四分之一杯，煮至開關跳起即可飲用。
● 喜愛甜味的人，可以再加入適量的冰糖。

翡翠氣血雙補茶

　　翡翠氣血雙補茶有黃耆、當歸、紅棗、桂圓，橘科的皮像柳丁、橘子都可以用，等到香氣出來的時候，顏色是淡淡的，所以可以用一點紅茶調色，最後加一點點冰糖，也可以加冬瓜糖一起下去煮。

　　黃耆補氣、當歸、紅棗補血、桂圓（龍眼肉）含豐富鐵質外，還有維生素 A、維生素 B、葡萄糖、蔗糖等，對於健忘、心悸、神經衰弱、失眠等的改善有所幫助。龍眼湯、龍眼膠、龍眼酒，也是很好的補血食物。

－材料－

柳丁或橘子 1 顆、黃耆 10 克、當歸 2 克、紅棗 5 粒、桂圓 5 粒，紅茶茶包 1 包，冰糖或冬瓜糖、麥芽糖適量。

－作法－

● 橘皮切片搾汁以後，皮要再切碎，放入壺中去煮。

● 把黃耆、當歸、紅棗、桂圓一起放進去慢慢煮。

● 用一點紅茶色，加一點冰糖或冬瓜糖調味。

翡翠青皮米醋飲

　　青皮有理氣、破氣作用、味香濃醇，青皮米醋可加水稀釋當茶飲，可消除積於腹中之食物。同時對長期坐於辦公桌、少運動之胸悶、壓力大之鬱有破氣、理氣，改善憂鬱症狀。

－材料－

翡翠青皮(綠色橘子皮) 3個，米醋300cc，冰糖少量。

－作法－

● 青皮洗淨切細絲，放入米醋中。
● 封口用塑膠布包好，外加橡皮筋，密封好放置一個月後，即為青皮醋。

去油除脂消導茶

－材料－

麥芽 60 克、山楂 30 克、橘皮 20 克、黨參 20 克。

－作法－

● 所有藥材洗淨。

● 將麥芽、山楂、陳皮及黨參放入不鏽鋼鍋。

● 加入 10 杯水後，以中火煮至滾。

● 將渣濾掉即可。

利尿止痢馬車茶

馬齒莧已知對痢疾桿菌具有殺菌作用，因此炎炎夏日中對於外面生鮮飲料，不一定合乎衛生標準，自己在家中製作夏日預防下痢涼茶，可合乎「健康看得見，動手自己做」的原則。

－材料－

馬齒莧 20 克、車前草 20 克、薄荷 1 克、冰糖適量。

－作法－

● 馬齒莧、車前草除去雜質，洗淨切碎放入不鏽鋼鍋中，加入 6-8 杯水，煮沸後改用小火煮 30 分鐘。

● 將洗淨切碎的薄荷加入煮沸，即刻熄火，燜 30 分鐘後，用雙重紗布過濾。

● 過濾完成加入適量冰糖，放入冰箱中冰涼，即為夏日防止下痢退火之涼茶。

小叮嚀

馬齒莧

　　挑選時以乾淨為要，因馬齒莧價錢不貴，倒不會有假的混充。

小叮嚀

車前草

種子及根、葉均含有糖分及維生素 A、C、K，是做青草茶的最佳原料。

補血益氣祛風濕桑椹酒

桑樹的果實，質油潤，富有糖性，就是大家熟知的桑椹，又稱為桑實、黑椹或桑棗。成熟果實採集、曬乾，存於冰箱中，即可保存長時間食用。桑椹以個大、肉厚、紫紅色、氣微、味微酸而甜，糖分高者為佳。

桑椹藥性溫，能補肝益腎、養血生津，含豐富維他命A的前驅物胡蘿蔔素，久服能明目、補血且能使髮黑。傳統中國醫學用於治療血虛、便祕以及頭髮早白、頭暈、目眩等。

－材料－

新鮮桑椹半斤，人參5克、肉桂5克、陳皮10克、白糖75克，老薑1塊，米酒頭1000cc。

－作法－

● 新鮮桑椹加半杯水打汁。

- 人參、肉桂、陳皮加水 1 杯，放入瓷碗中再放進內鍋，外鍋加水半杯，煮至開關跳起，冷後去藥材待用。

- 人參、肉桂、陳皮的湯汁加桑椹汁煮至沸騰，改用小火濃縮至一半的量，加白糖、新鮮桑椹、適量生薑及白糖、煮至收水成膏狀。

- 收於乾淨不含水的瓶中，食用時取膏，加入酒中攪拌，味道香甜。

第五章

素，請這樣吃

吃素，不缺營養的吃法

　　維生素 B12 的缺乏，會造成神經病變及貧血，歐洲的《神經醫學雜誌》報告，研究貧血與老人失智的相關性，發現這一些人的血清中維他命 B 若不足，將會增加老人失智症、骨質疏鬆、心血管疾病、中風等等，發生率就會跟著提高。

　　特別是天氣寒冷，或長時間待在冷氣工作環境中的熟齡朋友，年紀加上透支精神、耗腦力，造成許多人有「手腳冰冷」現象。手腳冰冷過去是女性常見的專屬冷症，時下卻不分男女，手腳冰冷者比比皆是；素食的朋友由於維他命 B 群中 B12 攝取較缺，情況則更嚴重。

　　我會建議吃素的朋友，每周至少要吃兩顆雞蛋，或每天喝杯牛奶，來補充容易缺乏的營養素，飯後養成吃水果的習慣，台灣一年四季盛產各式水果，其中的多種營養素

都是很好的均衡補充。吃素的朋友，事實上從豆類、穀類、堅果類都能得到蛋白質的攝取。

美國營養協會（American Dietetic Association）也指出：假如在一天之內，吃進不同的食物，即使是只有植物為蛋白質來源，也能提供所有氨基酸所需的份量。通常穀類含有豐富的甲硫氨基酸，大豆含有大量的離胺酸，可以截長補短。

我在演講時常建議：吃素要多吃新鮮的豆類和五穀雜糧，少吃各種素食加工品如煙烤燻類之素雞、素鴨以及和模仿葷食外形或味道等等大多是以添加人工合成香精，先別說其中成分是否真的是「全素」，過多的化學添加物，枉費了吃素的一片用心，一樣也傷害到健康。

山藥黃耆烤麩

　　黃耆又稱「小人參」，為補氣最佳藥材，味香醇，適宜作為素食朋友的補氣高湯，可健胃補脾，與含多種豐富氨基酸、醣蛋白的山藥搭配，對於免疫力增強，可達相輔相成功效。若再配上高纖維的香菇、竹筍、芹菜等，便成為一道美味可口的素食料理。

－材料－

山藥 20 克、黃耆 20 克、香菇 12 朵、泡麩（烤麩）6 塊、枸杞 10 克、竹筍（冬筍）300 克、胡蘿蔔 50 克、芹菜 30 克、香菜、香麻油、醬油、太白粉適量。

－作法－

● 泡麩炸成金黃色撈起待用。

● 香菇洗淨、潤軟後，以醬油、香麻油、太白粉拌勻，待入味後再用油炸成金黃色撈起待用。

- 冬筍連殼洗淨，用鋁箔紙包好，放入烤箱中加熱烤
  2 分鐘，取出待冷除去外殼，切成薄片。

- 胡蘿蔔、西洋芹菜洗淨，胡蘿蔔切花待用，西洋芹
  削去外皮切小塊，放入加鹽沸水中汆燙後撈起，放
  入冷水中待用。

- 黃耆加 2 杯水放入電鍋中，外鍋加四分之一杯水，
  待電鍋跳起濾去黃耆即為高湯。

- 鍋中放入一匙沙拉油，加入枸杞略炒之後，撈起。

- 將竹筍、胡蘿蔔、芹菜放入鍋中略炒，加黃耆高湯
  煮沸，再放進泡麩、香菇，待煮沸後將山藥磨泥加
  入攪拌，並以少許鹽調味。

- 將枸杞加入拌勻，滴入香麻油，撒上適量香菜即可
  上桌。

製首烏煲長生湯

　　金針，有安神的作用、含纖維質；腐皮買市售曬乾的小包裝即可，一次用不完可像乾貨一樣收起來放著；有的人習慣栗子要稍微炸一下，我是覺得最好不要。

－材料－

製首烏 10 克、乾栗子 50 克、乾香菇 10 克、金針 50 克、腐皮 1 包、桂圓 10 克、枸杞 10 克、香菇素蠔油、烏醋、冰糖少許。

－作法－

● 香菇洗乾淨泡水浸潤，所有食材洗淨備用，金針洗淨軟化後打結，吃起來會比較香脆。

● 所有食材加上適量（依個人的口味）香菇素蠔油、香油、一小匙地瓜粉，才會把鹹味醃進去，稍放一會備用。若喜歡喝清湯，香蠔油、地瓜粉都不用

加，用桂圓的甜度來提味。

- 用乾腐皮將金針、香菇、栗子一起包進去，加上製首烏、桂圓一起放進內鍋，加水蓋過食材即可。
- 外鍋加水 2-3 杯，煮至開關跳起即可食用。

小叮嚀

何首烏

　　何首烏有促進造血功能與增強免疫功能，生首烏含有瀉下之成分，潤腸通便功效較好，但不宜多食，屬醫師用藥，若自行使用要小心。一般使用於藥膳的材料爲製首烏，有補益精血的作用，可讓頭髮、鬍鬚保持烏黑。

補血素膳

　　玉竹具有強心、升壓作用，已證實具有類似副腎皮質荷爾蒙的作用，並能潤腸通便及降血糖。適合低血壓的朋友，若高血壓則不適宜大量食用。這道料理吃的時候，可燙一小束麵線，拌麻油或苦茶油，另燙一份青菜，即可成套餐。

－材料－

玉竹 10 克、枸杞子 10 克、龍眼肉 5 克、麥門冬 5 克、生薑 3 片、大棗 6 個、炸豆包 3 片、炸麵筋 60 克。

－作法－

● 炸豆包和炸麵筋，洗淨用沸水燙煮。
● 加入上述藥材，大棗洗淨，用刀切開去核。
● 放入內鍋中，加入淹蓋材料的水，外鍋加水 1 杯水，煮至開關跳起即可食用。

素炒枸杞龍鬚菜

　　龍鬚菜為阿里山高山蔬菜，含有高纖維質，維他命C，具有利尿降壓作用，配合枸杞滋陰明目，黑木耳的心血管保護作用，再加具抗菌作用的大蒜提味，是一道清脆可口的素食菜。

－材料－

龍鬚菜一把，枸杞30粒，黑木耳1兩，薑或大蒜2片，豆瓣醬1匙及沙拉油。

－作法－

● 龍鬚菜洗淨，切成段待用。

● 黑木耳洗淨，切成絲。

● 沙拉油入鍋加熱後，加入大蒜切片（吃素者可用薑片或辣椒）爆香後，加入枸杞略炒變成橘色後，撈起待用。

● 放入 1 匙豆瓣醬與黑木耳共炒，最後放入龍鬚菜炒
　熟，將枸杞放入，即可食用。

茄子九層塔

羅勒，俗稱九層塔，富含維他命 A、C 及鈣，特殊的芳香味為國人所喜愛，具有除氣滯功能，配合滋陰明目含豐富維他命 A 的枸杞，不但增加菜色之營養美味，更具補眼滋養。羅勒可生食，若夾白切里脊肉沾醬油一起食用，可增加鈣及動物性蛋白質之攝取。

－材料－

茄子 4 條，羅勒嫩葉 1 兩，枸杞 20 粒，薑、醬油、油少許。

－作法－

● 茄子洗淨，除去柄，切成 1.5 公分大小，於水中略微浸泡 10 分鐘以除去澀味。
● 羅勒取嫩葉，洗淨，撈於篩中略微濾乾。
● 油入鍋中，熱後加少許薑絲爆香，再加入枸杞略炒

變橘色即可倒入茄子，於油鍋中燜爛後，加少許醬油和羅勒拌炒，快炒加入蔥及切細之羅勒，即可上桌。

羅勒每 100 克含有普林質 33.9 毫克，較一般青菜含量略高，痛風病人宜少量食用。《本草綱目》書中記載：「茄性寒利，多食必腹痛下痢」，因此身體較冷的人宜少吃。

但本道膳食加入熱性的薑一起炒，可改善九層塔的寒涼性，就可以吃了。一般外食餐廳的茄子用油炸顏色呈現鮮紫色，因吸油量過多，不建議常吃。

時蔬沙拉

　　枸杞有滋陰明目和補充人體所需之氨基酸，但對於身形瘦弱的人，除利尿外，尚需注意身體營養的補充。食材中的萵苣健脾利尿，山藥補脾健胃，松子含有適量種子脂肪及維他命 E，海苔含有鐵與鈣質，芝麻有豐富之鈣質和亞麻油酸，具有抗氧化作用。

─材料─

山藥、萵苣、檸檬、枸杞子、芝麻、松子、調味海苔 1 小包、優酪乳 1 小瓶。

─作法─

● 山藥洗淨，削除外皮，浸泡於檸檬水中約 2-3 分鐘後即可取出；用保鮮膜包好，放入冰箱中冷藏。
● 將萵苣用鹽水洗淨，用手撕成小片後鋪於盤底，將山藥切成薄片、條狀置於萵苣上方。

- 撒上松子、芝麻及切細的調味海苔，最後將燙洗好的枸杞撒在上面，吃時可沾優酪乳一起食用。亦可沾具鹼性梅子粉食用。

豆腐沙拉

　　山藥泥雖也可換成馬鈴薯泥，但山藥對老人家來說比較好。腰果盡量用原味，不要用添加過多的調味，因為枸杞、葡萄乾、養樂多都已有味道調配了。

－材料－

有機豆腐 2 盒、新鮮山藥半斤、胡蘿蔔半根、枸杞20 粒、葡萄乾 20 粒、小黃瓜 1 條、原味熟腰果 10克、養樂多 1 小瓶。

－作法－

● 山藥皮最好是在水龍頭下面邊削邊切小塊，放進內鍋去蒸，胡蘿蔔削皮切小丁一起下去蒸。蒸熟了後壓磨成泥。

● 山藥胡蘿蔔泥很乾，加養樂多 1 小瓶會鬆鬆的，不喜歡太甜的，大概半瓶就夠了，就適量慢慢添加，

攪拌的時候像沙拉的馬鈴薯泥一樣。

● 小黃瓜切很細的小丁，拌入葡萄乾、枸杞；腰果要先打碎備用。

● 有機豆腐一盒上下對半橫切，將上述作料夾抹在中間；類似麵包夾沙拉般，吃時再切成幾塊便可直接食用。

素八珍養生鍋

　　八珍是四物（熟地黃、白芍、當歸、川芎）補血；加上補氣的四君子（白朮、人參、甘草、茯苓）共八種藥材組成。大家耳熟的十全大補湯，就是比八珍多了黃耆和肉桂兩味中藥。

　　適用於心悸氣短，倦怠乏力、面黃唇白、爪甲色淡、語聲低微、肢倦乏力、舌淡紅等氣血兩虛的人。也是秋冬補養常用燉補方。可增加血液循環，使皮膚光滑粉嫩，氣色紅潤。

　　白朮可補血，用於血虛痿黃、眩暈、失血、經少、經閉、月經不調、盜汗、經行腹痛、煩躁易怒等不適。一般來說人參都用在補氣，氣旺則能生血，因此一說起補氣補血，總是少不了人參這一味。

　　茯苓主要是健脾利水，通常是拿來當利尿劑。也可以防止熟地黃消化不良，並且防止人參過於興奮，也符合茯苓健脾利水安神的訴求。炙甘草的作用則在於和中緩急、

潤肺、解毒、調和諸藥。

－材料－

- 湯底：八珍、紅棗、米酒、海帶、香菇。
- 沾醬：蘿蔔泥、薑、枸杞、香菜。
- 食材：冬瓜、絲瓜、蕃茄、金針菇、胡蘿蔔、白菜、高麗菜、青江菜、茼蒿、黑木耳、南瓜、玉米、大陸妹、蒟蒻、冬粉、豆腐、油豆腐、腐皮。（可依個人喜好口味作添加調整）

－作法－

- 將八珍包放入米酒浸泡，促使有效成分溶出。
- 海帶漂洗後加入紅棗熬煮高湯。
- 香菇洗淨泡水後與薑、白蘿蔔、香菜、枸杞及醬油放入果汁機打成汁做沾醬。
- 鍋中先加入八分滿的水，再倒入泡過酒的八珍，湯煮沸後即可陸續放入其他火鍋料，熟後沾醬吃即可。

小叮嚀

白朮

　　白朮健脾益氣、燥濕利水，購買時以個大堅實、需經過土炒，才不會刺激且補脾作用增加，因此切片表面呈棕色、帶有香氣為佳。

氣血雙補煲湯

　　這道素的氣血雙補的煲湯，若加入麵線，在兼顧氣血雙補外，更讓人手腳暖和，若在適逢親友生日，更是一道十分應景的養生膳食。

　　烹煮食物，就像是中醫藥學中的「炮製」，古代雷公炮製之法，若能巧妙運用於藥膳的製作技術，將使養生保健更能發揮得淋漓盡致。這道藥膳不僅巧妙運用了中藥炮製中的「炮法」來製作炮薑，讓原本有發表作用的老薑（薑母），增加了散熱作用，增加食物烹調上的美味外，驅寒效果也更好。

　　當歸、川芎補血眾所皆知，桂枝具有擴張末梢血管，促進血液的運送，兼具有化瘀止痛之作用。桂圓及熟地黃是味道十分香甜可口的補血藥，搭配調和口味緩解緊張的甘草，是一道氣血雙補，讓全身暖和起來，不易手腳冰冷的美食藥膳。

—材料—

豆包100克、素鴨50克、當歸20克、黃耆5克、
川芎6克、桂枝4克、甘草2克、熟地黃10克、桂
圓肉40克、老薑20克、枸杞20克。橄欖油、麻油
2湯匙。

—作法—

● 薑洗淨，帶皮切成片待用。
● 豆皮洗淨晾乾，用油炸至金黃切塊待用。
● 素鴨於熱水中燙煮，放置水龍頭下沖洗，擠出油
水，洗淨待用。
● 當歸、川芎、桂枝泡於麻油中或米酒中待用。
● 炒鍋熱後將薑片置於其上，至薑味出，即刻翻面，
再炮至薑味出。
● 倒入橄欖油1湯匙入鍋中薑片再略炒後，加入炸好
切塊的豆包、素鴨一塊炒後，加熱水或米酒再炒
後，再加足量湯水（12-15碗水），再將泡於麻油
中或米酒中之當歸、川芎、桂枝連同熟地黃、桂

圓、甘草、黃耆一併放入湯中。

- 鍋加蓋放入 10 人份電鍋中，外鍋加 2 杯水，煮至開關跳起，加入枸杞子，即刻再加蓋，至湯略冷後即可食用。

氽燙秋葵

秋葵氽燙起來吃就好，只需在清水中加一點點鹽下去氽燙。秋葵富含豐富的醣蛋白，這是很健康的提升免疫的素食。有人會把秋葵蒂頭切掉，其實假如牙齒能咬得動，秋葵蒂頭也可以吃，不是不能吃的。

－材料－

秋葵 300 克、白芝麻少許。

－作法－

● 氽燙後，橫切段如小星星般。
● 秋葵放入鹽水中氽燙後，切去蒂頭排於盤中。
● 盛盤後撒上白芝麻，沾醬可用九層塔加薑末的醬油，即可食用。

平補四神湯

適合胃腸功能不佳，常易有腹瀉、大便不成形、食慾不振的朋友，這道平補四神湯是最適用的補脾健胃調整腸胃食膳。

－材料－

蓮子 20 克、薏仁 20 克、芡實 20 克、茯苓 20 克、山藥 20 克、腰果 20 克、鹽適量。

－作法－

● 將蓮子用水洗淨再放入沸水中燙煮 1 分鐘後撈起，放入碗中加蓋溫潤。

● 藥材用水洗淨，芡實、薏仁需以溫水浸泡一小時。

● 最後將處理後的蓮子、薏仁、芡實、茯苓、山藥、腰果放入內鍋中，加水 5-6 杯。

● 外鍋加水 2 杯，煮至開關跳起。若食材不夠爛可再

加 1 杯水再煮一次，續煮至熟透，加少許鹽調味即可食用。

黑芝麻茼蒿

　　茼蒿是冬天吃火鍋時不少人的最愛，買回家不要久放，最好兩三天內要吃完。茼蒿含豐富的維他命 A、B、C、鐵、鈣、鈉等礦物質，烹煮要熟透，可促進消化且對腸胃有益。黑芝麻本身已含有油脂，且 100 克的黑芝麻裡面就含有 1.2 克的鈣，又含有人體所需之氨基酸和可抗氧化的脂肪酸；黑芝麻茼蒿是對老人家很好的素食組合。

－材料－

茼蒿適量、黑芝麻、素蠔油少許。

－作法－

● 茼蒿洗淨用鹽水汆燙，濾乾水後放入盤中。

● 倒入適量素蠔油拌勻，撒上黑芝麻即為一道好吃美味、高纖、高鈣的素食料理。

國家圖書館出版品預行編目(CIP)資料

樂齡好滋味：楊玲玲的幸福餐飲 / 楊玲玲.--
初版.-- 臺北市：大塊文化，2014.06
　　面；　公分.--（care ；32）
　ISBN 978-986-213-533-4（平裝）

　1.食譜

427.1　　　　　　　　　　　　　103007987

CARE

Good Care ,
Good Living

CARE
Good Care ,
Good Living

CARE
Good Care ,
Good Living

CARE
Good Care ,
Good Living